综采面自燃火灾精准防控技术
——以平顶山矿区为例

杨玉中　李延河　著

U0232399

科学出版社

北京

内 容 简 介

针对深部开采煤炭自燃事故日益增多、自燃事故难以控制的技术难题，运用理论分析、实验室实验、现场观测、数值模拟等多种研究方法，对平顶山矿区综采面采空区自燃火灾事故的精准防控技术进行深入研究，以便对自燃火灾的精准防治提供理论和技术支撑。本书主要内容包括平顶山矿区概况、构造煤与原煤的微观结构、煤自燃关键参数测试、自燃煤层热特性分析、采空区煤自燃"三带"分布、采空区煤自燃"三带"分布的多元回归分析、采空区煤自然发火监测及早期预报技术、工作面正常回采时煤自燃防控技术和停采撤架期间煤自燃防控技术等。

本书可作为安全科学与工程、矿业工程等专业的本科生、研究生教学参考用书，也可作为煤矿火灾防治专业技术人员和管理人员的参考用书。

图书在版编目(CIP)数据

综采面自燃火灾精准防控技术：以平顶山矿区为例 / 杨玉中，李延河著. — 北京：科学出版社，2023.7

ISBN 978-7-03-074196-7

Ⅰ. ①综… Ⅱ. ①杨… ②李… Ⅲ. ①综采工作面–煤层自燃–矿山防火–研究–河南 Ⅳ. ①TD75

中国版本图书馆CIP数据核字(2022)第235876号

责任编辑：李 雪 李亚佩 / 责任校对：王萌萌
责任印制：吴兆东 / 封面设计：无极书装

科 学 出 版 社 出版
北京东黄城根北街 16 号
邮政编码：100717
http://www.sciencep.com
北京捷迅佳彩印刷有限公司 印刷
科学出版社发行 各地新华书店经销
*
2023 年 7 月第 一 版 开本：720 × 1000 1/16
2023 年 7 月第一次印刷 印张：12 3/4
字数：255 000

定价：138.00 元
（如有印装质量问题，我社负责调换）

前　言

我国能源结构具有"富煤、贫油、少气"的特点，已探明的煤炭储量占世界煤炭储量的 33.8%。2021 年全国原煤产量 41.3 亿 t，煤炭产量已连续多年位居世界第一。煤炭在我国一次能源结构中一直处于主导地位，20 世纪 50 年代煤炭在能源消费结构中的比例曾高达 90% 以上。近年来，虽然煤炭消费增速有所放缓，在我国能源消费结构中的比例不断下降，但 2021 年仍然高达 56%。随着国家对安全生产工作的日益重视，安全技术和装备水平不断提升，安全管理政策措施日趋完善，煤矿安全生产事故大幅减少。但与发达国家相比，事故总量依然偏大。在煤矿主要灾害中，煤自燃灾害对矿井安全生产威胁严重，也是矿井火灾的主要表现形式。国有重点煤矿 73% 以上煤层具有自燃倾向性，矿井火灾事故频发。据统计，在我国重点煤矿火灾事故中，94% 以上是自然发火引起的。近年来国有重点煤矿每年因火灾而封闭的工作面近百个，每年因封闭工作面造成的冻结煤量在千万吨以上。矿井火灾已成为制约矿井安全生产与发展的主要因素之一。

平顶山矿区是 1949 年以来中国第一个自行勘探、设计的特大型煤炭基地，素有"中原煤仓"之称。随着开采深度的增加、较高的地温、复杂的地质构造和复杂的通风系统等使得煤自燃火灾日趋严重。如近几年相继有庚$_{20}$-21070 采面、庚$_{20}$-31010 采面、戊$_8$-22260 工作面、二$_1$-15040 采面因内因火灾问题而影响矿井正常生产，严重影响了矿井的综合效益。因此，运用理论分析、实验研究、数值模拟、现场观测等方法对平顶山矿区自燃煤层自燃关键参数进行测试，研究防灭火技术，以实现自燃火灾的精准防控。

本书出版得到了 NSFC-河南联合基金重点支持项目"煤矿重大灾害隐蔽致灾因素风险识别、预警及应急管理研究"（U1904210）和平顶山天安煤业股份有限公司板块重点项目"自燃煤层自燃关键参数测试与精准防控技术研究及应用"的资助，由中国平煤神马控股集团有限公司总工程师李延河教授级高级工程师和河南理工大学杨玉中教授共同主笔并统稿，河南理工大学的贾海林副教授、孟晗博士以及研究生翟耀威、李岚、周营新，平顶山天安煤业股份有限公司通风处的张海庆处长、黄春明副处长、高卫民、徐长安、陈建忠以及有关矿井的总工程师和通防科的有关人员也做了大量工作。科学出版社对本书的出版做了大量精心细致的工作，在此一并表示衷心的感谢。

由于作者水平所限，书中不当之处敬请各位读者批评指正。

作　者

2023 年 1 月

目　　录

第1章 绪 论

1.1 研究背景及意义

煤炭作为我国一次能源结构中的主要燃料，这一地位短期不会改变，2021年原煤产量41.3亿 t，比上年增长 5.7%[1]。然而煤矿安全问题一直备受人们关注，煤矿灾害种类多且影响较为严重，如瓦斯爆炸、水害、火灾、冲击地压等，且随着开采强度、深度不断加大，各类灾害的威胁不断增大，易发生群死群伤事故[2]。煤自燃灾害对矿井安全生产造成了严重威胁，同时它也是矿井火灾的主要表现形式。近年来，随着科学技术和防治自燃理论的快速发展，煤自燃火灾导致一线工人死亡的人数不断降低，但我国矿井重特大火灾事故仍然存在[3]。90%以上的矿井火灾问题来源于采空区煤自燃。煤自燃火灾的隐蔽性和破坏性不仅对煤炭资源、生产设备和生态环境产生严重破坏，造成井下工作人员伤亡，而且容易引发井下瓦斯、煤尘爆炸等重大复合灾害[4]，对矿井绿色、高效、安全生产产生巨大威胁[5]。

"预防为主，综合治理"的方针已成为现场管理技术人员和自燃防治专家的共识。煤自燃基础理论的不断探索和现场自燃防治应用领域的不断研究，已成为现场管理技术人员和自燃防治专家的共同追求[6]。现阶段，我国重点矿井中有73%以上煤层具有较高的自燃倾向性，矿井火灾事故频发，每年因矿井火灾而损失的原煤超过 1000 万 t。面对如此严峻的煤矿安全形势，相关部门应予以高度重视。据统计，在我国重点矿井火灾事故中，有 94%以上的火灾是自然发火引起的，而影响煤自燃特性的因素有很多，如煤的变质程度、硫含量、含水量、粒度大小、环境温度、漏风强度、地质构造等，因此，研究不同因素对煤自燃特性的影响具有重要的现实意义。

近年来，我国广泛采用综放开采技术，大力推广瓦斯抽放技术，在生产效率大幅提高和瓦斯涌出量减少的同时，造成采空区遗留残煤多、漏风严重，使自燃频发。我国国有重点煤矿每年因火灾而封闭的工作面近百个，每年因封闭工作面造成的冻结煤量都在千万吨以上。封闭工作面常使上千万元的综采、综放装备被封闭在火区中，合理的开拓部署和开采顺序常被打破，给矿井带来重大安全事故，造成巨大的经济损失。矿井火灾已成为制约矿井安全生产与发展的主要因素之一。

平顶山天安煤业股份有限公司(以下简称平煤股份)所属矿井在矿井火灾防治方面已经开展了一些研究和实践工作，并取得了一些成效，但从集团层面，还缺少系统梳理，缺乏统一规划。近年来，下属矿井偶发，甚至频发的矿井火灾事故已充分说明了这一点。尤其是矿井采深的进一步加大、复杂的通风系统、较高的初始地温、复杂的地质构造等因素叠加下煤自燃火灾会更加严重。例如，平煤二矿相继有庚$_{20}$-21070采面、庚$_{20}$-31010采面、庚$_{20}$-23190采面因内因火灾问题而影响矿井正常生产，平煤六矿、平煤八矿、平煤九矿、平禹一矿等矿井也先后出现过类似问题，严重影响了矿井的综合效益。日趋严重的煤自燃问题，已成为制约平顶山矿区安全高效生产的技术瓶颈，因此急需从集团层面形成煤自燃火灾精准防控管理规范，统一指导下属矿井的火灾防治工作。

平煤股份矿井目前存在的问题如下。

(1)工作面走向长度至少在1000m以上，有的甚至长达3000～4000m，回采时间长，采空区范围广，防止采空区漏风和判定自燃危险区域困难。

(2)采空区内靠近工作面的顶板相对完好，未能及时冒落，局部空间煤矸垮落不严实，孔隙率较大，漏风风阻较低，致使采空区后部一定距离内漏风较大。

(3)工作面因通风及防治瓦斯需要，配风量一般较大，增加了工作面端头间的漏风压差。

(4)上下煤层相互影响。下煤层开采时，因不同的通风、瓦斯抽放等条件，上下煤层采空区间可能形成相互漏风通道，增加上下煤层采空区自燃危险性。

(5)上部煤层回采期间灌浆，使上部煤层开采后在采空区形成积水区域，下部煤层开采时需要进行探水、排水。排水过程实际上是一个空气置换过程，即排水后因新鲜空气的进入，引起浮煤的二次氧化。

(6)煤自燃的分类防控方面。针对多构造自燃或易自燃煤层，采取必要的防灭火措施对于保证工作面的防火安全具有重要意义，但如果不区别对待，采取的防灭火措施就缺乏一定的针对性，易造成防治费用增高，生产成本增大。

为有效预防煤自燃事故的发生，开展工作面煤层自然发火期、煤自燃指标及其临界值的测试与分析，确定采空区煤自燃"三带"的分布规律，为工作面防灭火工作提供基础参数就显得十分必要。结合生产实际情况，构建煤自燃精准防控技术体系，从而为矿井的煤自燃防治提供技术支撑，具有重要的现实意义。

1.2　国内外研究现状

1.2.1　采空区遗煤自燃的影响因素

煤的自燃倾向性是内因，连续的供氧和储热是外因，矿井开拓方式、巷道布置、采掘工艺、通风系统和管理水平等是重要影响因素。

通过对煤自燃机理分析，煤自燃必须具备以下三个条件：①煤具有自燃倾向性(在常温下有较高的氧化活性);②有连续的供氧条件;③热量易于积聚。第一条为煤的内部特性,它取决于成煤物质和成煤条件,表示煤与氧相互作用的能力,后两条为外因,决定于矿井的地质条件和开采技术。

煤的自燃性能主要受下列因素影响。①煤的分子结构。研究表明,煤的氧化能力主要取决于含氧官能团多少和分子结构的疏密程度。②煤化程度。煤化程度是影响煤自燃倾向性的决定性因素。③煤岩成分。煤岩成分对煤的自燃倾向性有一定的影响,但不是决定性因素。④煤的瓦斯含量。煤中瓦斯的存在和放散影响吸氧和氧化过程,它类似于用惰性气体稀释空气对煤氧化发生影响。⑤水分。煤的外在和内在水分以及空气中的水蒸气对褐煤和烟煤在低温氧化阶段有一定的影响,既有加速氧化的一面,也有阻滞氧化的因素。⑥煤中硫和其他矿物质。煤中含有硫和其他矿物质则会加速煤的氧化过程。

事实表明,矿井的开拓方式、采区巷道布置、回采方法和回采工艺、通风系统和技术管理等开采技术和管理水平,对煤自然发火起决定性影响。许多开采同一煤田、相同煤层的不同矿井,甚至同一矿井的不同开采时期,由于以上因素的差异,造成煤自然发火的次数明显不同。

开采技术对煤自然发火的影响主要表现在以下几个方面。①矿井开拓方式和采区巷道布置,既决定了保护煤柱的数量及其大小,又决定了所留煤柱受压与碎裂程度;既决定了可燃物的分布和集中情况,又决定了向这些可燃物供风的时间。②回采方法和回采工艺,但决定的因素是回采率和工作面推进速度。

1.2.2 煤自燃预测预报方法

目前,煤自燃预测预报方法主要有:标志性气体分析法、测温法、示踪气体法、煤自燃倾向性预测自然发火法。

1. 标志性气体分析法

煤与氧气发生氧化反应期间,随着反应温度的逐步升高,氧化反应的不同阶段会释放出一氧化碳、乙烯、乙炔等多种气体。随着温度的不断升高,乙烯、乙炔气体的浓度会呈现上升的趋势。通过实验分析可以得出,这些气体浓度与煤温之间存在一定的函数关系。根据气体的浓度及变化趋势可以预判煤炭自燃程度。国内外研究学者通常把一氧化碳作为煤炭自燃预测预报的一个主要标志性气体,被大多数国家接受认可。迄今为止,在煤层未进行开采时一般不含有一氧化碳,煤炭达到一定温度时才会释放一氧化碳,煤的温度与一氧化碳浓度紧密相关;另外,由于一氧化碳检测技术发展比较完善,一氧化碳作为煤自燃的标志性气体相对敏感,只要监测到一氧化碳浓度呈现持续增长,基本上就可以判断出该工作面已经有自燃倾向。董绍朴等运用主成分分析法对温度、一氧化碳体积分数、烯烷

比 C_2H_4/C_2H_6 等 9 个指标进行综合评判分析，优选出对预测煤自燃起主导作用的指标，实现了对东荣一矿煤层自然发火的预测[7]。Chen 等[8]以格宁煤矿 2308 综放工作面煤样为研究对象，根据程序升温试验，选取一氧化碳和乙烯作为格宁煤矿煤自燃预测的主要标志性气体，以乙烯和乙烷为辅助指标气体。王海涛等[9]以新安煤矿 6#煤层为研究对象，为了探索长焰煤低温氧化过程中标志性气体释放规律，采用程序升温系统对不同粒径的煤样进行升温实验，得出矿井煤层自燃特征规律。Xu 等[10]利用电子自旋共振和傅里叶变换红外技术分析了低温氧化过程中自由基和官能团的反应特性；利用气相色谱分析，研究了自由基与含氧官能团的反应，分析了煤自燃过程中活性基团产生的标志性气体一氧化碳。Liu 和 Qin[11]研究了采空区遗煤自燃发火与上隅角一氧化碳浓度的函数关系。赵晓虎等[12]设计了一套煤自燃标志性气体实时在线分析监测系统，为煤矿安全生产提供保障。

单独把一氧化碳作为自燃预测指标会出现预测偏差甚至预测失败的情况，一氧化碳在煤低温氧化过程中一直存在，一氧化碳浓度不能精准表现煤温度的变化范围。针对这一情况，国内外研究学者提出以烯烃、烷烃或者烯烷比作为辅助指标进行自然发火的预测预报。采空区遗煤温度达到一定温度，这些气体就会出现，而且伴随这些气体出现的煤温差别很大，可以根据烯烃、烷烃或者烯烷比判断煤炭氧化过程中温度变化的范围。使用主要指标和辅助指标也只能对煤炭自然发火结果起到一个分析的作用，并不能动态地分析与判断煤炭自燃的程度。为了解决这一问题，国内外不同的研究学者提出了各种系统分析法量化了标志性气体与煤炭自燃的程度。主要的系统分析法有模糊数学法、数理统计分析法和灰色关联分析法。谭波等[13]采用灰色关联分析法分析了采空区和上隅角一氧化碳气体体积分数和碳氧化物比率。郭军等[14]以甘肃王家山矿 202 工作面煤样为测试对象，确定了煤自燃标志性气体等特性参数，通过处理指标数据以比值、Logistic 函数拟合的方式重构数据曲线（R^2 接近 0.99）确定煤自燃各反应阶段内的风险等级及指标阈值。灰色关联分析法是王福生教授等[15]提出的，他把煤温分成若干个阶段，研究各个阶段气体浓度与煤体温度的关系，并进行关联度分析，最终通过关联度数值大小确定各种标志性气体的可靠度。

2. 测温法

测温法针对采空区遗煤容易自燃的区域布置温度传感器进行温度监测，利用温度变化范围确定采空区遗煤自然发火危险程度[16]。通过在进风大巷和回风大巷钻孔内布置温度探头或在采空区布置温度探头，得到温度的变化范围和升温速率来判断采空区遗煤是否会自燃[17]。

目前，探测煤自然发火的测温仪主要有以下两种。

红外线测温仪：西方国家红外线技术发展迅速，并且成功运用到煤矿火灾监测预报。试验表明，红外技术对于测量煤堆、露头、巷壁煤柱的自燃特别有效，但是它也存在弊端，只能测得物体面上的温度和仪器垂直于物体的温度，如果中间有障碍物进行阻挡，会出现测试结果存在误差甚至失败。

温度传感器：目前常用的温度传感器有热电阻、热电偶等。在容易产生火灾的位置布置测温热电偶探头，可以在相对较远的距离持续观测巷道松散煤体的温度，从而研究其温度分布及温度变化范围。该方法具有预测精准、直观的优点，但是安装步骤烦琐，不易维护，探头的位置极其脆弱，容易损坏。

陈洋和王伟[18]对测温法和煤自燃标志性气体进行了分析整理，指出我国在煤矿火灾监测方法的不足。袁树杰[19]利用热电偶得到采空区温度变化，利用束管得到采空区气体浓度的变化，分析了采空区火灾的情况。

3. 示踪气体法

示踪气体法主要利用示踪气体测定采空区漏风量，进而判断采空区是否会发生自燃。我国六氟化硫（SF_6）技术已经发展得特别成熟和完善。示踪气体法主要选择在特定的温度条件下容易产生热解的气体，在采空区遗煤容易发生自燃的区域布置好采样点进行分析，观测该区域的温度变化，判断采空区是否存在自燃的危险。

目前我国采用 SF_6、1211（二氟-氯-溴甲烷）等示踪气体进行测温。示踪气体预测煤温的方法：当环境温度比较稳定，在煤矿井下特定地点一同释放易于热解的气体和示踪气体，在采样点收集并检测热解气体和示踪气体，得到释放后气体浓度并和释放前浓度进行比较，得到煤炭自燃的温度，达到预测预报的目的[20]。Zhai 等[21]以崔木煤矿 21305 工作面为研究背景，通过在现场布置观测点，利用实测得到的数据和数值模拟方法确定了 21305 采空区煤自燃"三带"分布范围，模拟数据和实测数据相差较少，对崔木煤矿安全生产有指导意义。余明高等[22]对工作面煤自燃"三带"进行观测，观测的气体包括氧气、二氧化碳、甲烷、乙烯、乙烷，并且以氧气浓度作为划分煤自燃"三带"的指标。贾海林和翟晨光[23]对阳泉 5 矿 8403 综放工作面采空区进行煤平面"三带"观测和垂直"三带"观测，并利用 FLUENT 对采空区进行数值模拟，通过模拟结果和实测结果对比，划分出采空区煤自燃"三带"的立体分布范围。

4. 煤自燃倾向性预测自然发火法

依据煤氧复合学说可以判断煤的自燃倾向性，该方法主要分为两种：化学试剂法和吸氧法。赵钢波等[24]对不同煤样进行程序升温实验，分析一系列气体浓度变化趋势。金永飞等[25]通过对多种不同含水量的煤样进行红外光谱曲线分析，研究了煤自燃过程中的氧化特征。陈欢和杨永亮[26]采用气体成分分析等先进技术对煤自然发火进行预测，通过研究煤分子微观的变化，提高预测的精准性。高峰等[27]研究了漏风裂隙对苏家沟煤层采空区流场的影响,并通过煤样发火实验划分出采空区遗煤自燃的危险区域。赵向军等[28]通过构建神经网络预测模型来预测煤层自燃倾向性,得到良好的结果。王福生等[29]利用关联分析法来预测煤层自燃倾向性,为自燃倾向性机理的研究提供了理论依据。

1.2.3 采空区煤自燃"三带"分布

20 世纪 80 年代提出采空区煤自燃"三带"。采煤工作面每天都在推进,采空区会存在一部分遗留下来的浮煤,当浮煤堆积到一定程度,且采空区有漏风现象时(浮煤本身具有自然发火的倾向),采空区一般会出现自燃的情况。国内外一些研究学者把采空区划分为:散热带也称为冷却带,氧化升温带也称为自燃带,窒息带。Liu 和 Zhang[30]通过分析综采工作面煤自燃标志性气体,划分出采空区煤自燃"三带"分布范围。Zhao 等[31]研究了 U+L 通风方式工作面采空区煤自燃"三带",采用数值模拟方法模拟了不同顺槽与工作面距离、不同入口风速情况下采空区煤自燃"三带"分布规律,研究认为不同距离和不同供风量对煤自燃"三带"的影响较大。Ma 等[32]确定并计算了辐射加热低温氧化阶段煤温分布规律和氧化热强度参数,建立了影响煤自燃的 5 个关键参数的数学模型,重新定义了描述煤自燃危险程度的概率函数,提出了定量评价参数,其结果与实际观测值吻合较好。余明高等[33]利用最小-最大化综合处理法,划分了新疆哈密三道岭煤矿 4204 采空区煤自燃"三带"分布范围。Gao 等[34]模拟了不同风速对采空区氧化升温带宽度的影响。尚秀廷等[35]利用 Fluent 数值模拟软件,划分出东荣三矿采空区煤自燃"三带"分布范围。杨胜强等[36]利用采空区漏风速度来划分自燃区域,并将模拟软件结果和现场实测结果进行对比。谢军和薛生[37]以兴隆庄矿 1307 工作面为工程背景,划分出煤自燃"三带"的分布范围。宋万新等[38]基于氧气浓度划分山西某矿 15101 综放工作面采空区煤自燃"三带"的划分标准,并利用温度指标对划分出的"三带"进行验证,证明氧气浓度划分 15101 综放工作面煤"三带"的合理性。Xie 等[39]在现场布置温度探头,根据温度来划分 7162 综采工作面煤自燃"三带"的分布范围,并用氧气浓度来检验温度划分煤自燃"三带"的准确性,为煤矿安全生产提供了保障。He 等[40]根据通风网络理论,建立了采空区过滤流场模型,开发了采空区"三带",利用仿真软件确定了三个区域,对采空区"三带"进行研究和分析。Tan 等[41]利用 Fluent 数值模拟软件对采空区漏气流场和氧浓度场进行模拟,划分综放采空区煤自燃"三带"分布范围并与实测结果进行对比,差别很小。张辛亥等[42]划分出陕北某矿 5101 工作面采空区煤自燃"三带"分布范围,并提出了注氮防灭火技术和堵漏防灭火技术来防治采空区自燃[42]。杨朔[43]对袁店二矿 72 煤自燃问题开展研究,利用 Fluent 对工作面采空区煤自燃"三带"范围划分,并和现场实测结果进行对比。任强[44]通过现场布置 9102 工作面束管监测系统,获取该采空区气体浓度变化，利用氧气浓度划分出 9102 工作面采空区煤自燃"三带"区域，使用 Fluent 数值模拟并结合现场实测得到最后结果，确定了 9102 工作面采空区的煤自燃"三带"范围。胡锦涛和刘泽功[45]利用现场实测数据和 Fulent 模拟相结合的方法划分出煤自燃"三带"范围。Pan 和 Lu[46]以王台煤矿 2304 工作面为研究对象，通过采空区埋管取样检测气体成分及工作面推进距离，研究了氧气体积分数随工作面推进距离的变化规律，根据氧气浓度变化规律，确定了 2304 工作面煤自燃"三带"的分布。Wei 等[47]对采空区遗煤自燃预测和防治，开展了煤层自燃倾向测定、煤样同步热重和差示扫描量热分析、自燃标志性气体优化、以氧气浓度为指标划分煤自燃"三带"等研究。

1.2.4 煤自燃防控技术

由于煤自燃是煤氧复合的结果，影响煤自燃的主要条件是煤的表面活性结构、氧气浓度和温度。因此，自燃火灾扑灭主要从三个方面着手：一是隔离煤氧接触，使自燃火灾窒熄；二是降低煤温使煤氧化放热强度降低，最终使火熄灭；三是惰化煤体表面活性结构，降低煤氧复合速度，防止煤自燃的发生。目前常用的防灭火技术主要有：惰化、堵漏、降温以及它们的综合，具体归纳如下。

1. 堵漏风防灭火技术

煤自燃的必要条件之一是连续供氧，采取堵漏风防灭火技术，可以减少甚至断绝向采空区浮煤供给氧气，能够有效防治煤层内因火灾。堵漏风防灭火技术主要有：①工作面推过后及时将与采空区相连通的巷道封闭；②无煤柱工作面顺槽巷旁充填隔离带；③隔离煤柱裂隙及注浆堵漏风等。近年来，万磊等[48]了解了新集二矿 2201 工作面的漏风情况，提出了"喷注+密封圈二次堵漏+两道两线隔断"的手段，防治效果明显。刘红威等[49]提出了切顶沿空留巷阶段性喷涂堵漏技术，降低了采空区自然发火的危险性。张志伟[50]对永定庄煤业提出了一种注浆堵漏技术方案，效果明显。贾宝山等[51]利用堵漏技术明显改变了采空区的漏风情况。

2. 注浆防灭火技术

注浆防灭火技术采用泥浆注入采空区，泥浆包裹住煤体，吸热降温，隔绝煤与氧接触，同时可以胶结顶板，使采空区的孔隙率降低，增加漏风阻力。目前该技术在我国有自然发火危险的矿井中得到了推广应用，防灭火效果良好，是防治井下内因火灾的主要措施之一。该技术的主要缺点是工程量大，泥浆脱水量较大易凝固，使工作环境恶化，由于泥浆具有较强的流动性，都集中到采空区中地势低的位置，不能对顶煤和煤柱进行包裹，灌注过程中易出现跑浆、溃浆等现象，对工作面的环境造成一定污染，影响了正常回采工作的进行。

　　夏仕柏[51]研究了粉煤灰的化学成分、交叉着火温度、熔点温度、吸氧量、物理特性、成浆特性及沉降特性，基于粉煤灰的这些性能参数，对井下原有的输浆管道进行改造并设计了粉煤灰注浆系统，结果表明利用粉煤灰注浆的防灭火效果优于黄泥材料。刘鑫等[53]针对粉煤灰易沉降，在弯管中易堵塞问题，研发了悬浮剂和胶凝剂，通过空白实验与只加入悬浮剂和只加入胶凝剂的实验对比分析，确定了两种材料的最佳配比。杨平等[54]在常规的注惰性气体、缩封火区、无机材料充填都无法有效控制火区的前提下，提出了分区隔离火区控制技术，采用粉煤灰复合胶体作为钻孔压注材料，通过施工监测可以明显发现分区隔离火区控制技术对控制大面积火区治理具有显著的效果。赵建会和张辛亥[55]向聚丙烯酰胺复合胶体中添加 PA，分析其混合液的悬浮性、在管道中的固液两相流动性、在堆积物中的渗流性，结果表明复合胶体材料可以有效解决高浓度混合液在长距离输送时遇到的堵塞管路问题，并且可大面积滞留在破碎煤体间，对防治漏风起到了很大的作用。邓军等[56]为解决粉煤灰作为注浆材料时，在矿井深度不断增加的前提下，输浆管路出口压力不足，易导致粉煤灰浆液堵塞管路问题，设计了一种适用于长距离稳定供压的动压灌浆防灭火系统，该系统的构建可确保浆液顺利抵至井下火区地点，提高了粉煤灰灭火成效。戴明颖[57]将粉煤灰、水泥、水以及 MH 灭火材料作为注浆材料，治理 407 火区，效果显著。赵东霞[58]利用无机防灭火材料对常村煤矿 2201 综放工作面防治。彭荣富等[59]实施上下层高低位联合注浆治理措施，解决了五虎山煤矿 010910 工作面遗煤氧化自燃问题。王龙飞和王海[60]研究了古书院煤矿矸石山注浆加固与灭火技术，防火效果明显。

　　3. 均压防灭火技术

　　均压防灭火技术是通过均衡漏风通道进出口两端的负压，杜绝或减少向采空区遗煤堆积区域漏风，降低给浮煤的供氧量，使采空区氧化升温带的范围减小，从而达到防灭火的目的。主要技术手段有：对工作面的局部通风系统进行调整，使向采空区、停采线和开切眼的漏风量最大限度地减少，实现对采空区遗煤氧化的抑制；采空区的联络巷、溜煤眼及时封闭；闭锁工作面区域内的风门；定期测风测压等。

　　任万兴等[61]研究了综采工作面回撤期间极易发生通风系统改变的两个重要阶段——扩大回撤通道阶段与回撤设备阶段，通过在进风巷、回风巷内布置局部通风机与调节风门，实施分阶段的联合均压防灭火技术，有效解决了在通风系统不稳定的情况下，因工作面回撤时间过长而导致采空区煤炭自然发火的问题。华海洋[62]针对"高瓦斯、高地压、高地温"矿井密闭的采空区中存在多处漏风，极易导致采空区中遗煤自然发火问题，创新性地将均压气室抽采调压与调节通风系统相结合，通过对比分析实施该项技术前后的氧气与一氧化碳的浓度，温度与压差的变化数据，验证了该项技术对防治采空区遗煤自然发火的有效性。张九零等[63]构建了风门、局扇联合均压系统，通过在工作面内典型代表的液压支架处及上、下隅角处布置监测点，分析了一氧化碳浓度的变化，验证了所构建的均压系统可有效保证通风系统正常运转，极大程度地降低了采空区煤炭自然发火的概率。蒋东晖[64]通过在工作面内向上分层采空区开多个探孔，作为均压观测孔与气体监测孔，结合调节风窗的适当调节对上层采空区注入惰性气体，增大地面与上分层采空区之间的漏风阻力，使采空区煤炭处于相对安全的环境。李舒伶等[65]通过分析采场内气体流动的微分方程与两板之间气体流动的微分方程的相似性，根据相似原理搭建了采场均压模型，对采场漏风源的不同位置进行模拟，采用风窗与风机联合均压技术进行调压，对风压的控制取得了较好效果。张存江和赵博生[66]为解决工作面内瓦斯涌出量大、上隅角处瓦斯浓度异常的问题，利用角联风路的性质，使采空区内的一氧化碳流动轨迹方向发生反转，增大采空区的漏风阻力，从而抑制采空区的煤炭自然发火隐患。张卫亮和张春华[67]研究了角联通风卸压式均压系统，成功解决了高瓦斯近距离煤层开采时，工作面易出现一氧化碳浓度超限、上覆采空区出现遗煤自然发火问题。

均压防灭火技术对于闭区防灭火效果较好，却很难应用于开区防灭火。发生内因火灾时，煤已经具有很大的热容量、较高的煤温，只需要很低的氧浓度就能维持自燃，采取开区均压措施，只能减少漏风，不能将漏风完全杜绝，因此需要很长时间才能实现灭火。此外，由于矿井环境复杂多变，测定系统压能的速度慢和精度低，导致在使用均压防灭火技术时效果受影响。

4. 阻化剂防灭火技术

阻化剂的作用是抑制煤氧结合，阻止煤体氧化。自 20 世纪 60 年代，阻化剂在国内外矿井防灭火中得到了推广与应用，由于其在煤自然发火早期可实现有效防控，因此成为主要防灭火技术之一。

目前阻化剂主要分为物理阻化剂与化学阻化剂。物理阻化剂包含铵盐水溶液阻化剂、粉末状阻化剂、氢氧化钙阻化剂、氯盐阻化剂、硅凝胶、石膏浆、灌浆阻化剂等[68]。物理阻化剂的主要机理是依附于煤氧复合作用导因学说，阻化剂吸收大量的水分附着在煤体表面，或在煤体表面附着遇高温热解释放的惰性气体，降低空气中的氧气与煤体的接触面积，达到抑制煤自然发火的目的。张辛亥等[69]研究了层状双氢氧化物 LDHs 复合阻化剂对神府煤的阻化性能，利用 TG/DSC-FTIR 精密仪器对经过 LDHs 阻化后的煤样进行分析，结果表明 LDHs 可有效抑制煤氧复合反应。Zhou 等[70]将 MoS_2 纳米片和 NiFe-LDHs 作为复合材料，添加到环氧树脂中，表现出良好的阻燃与抑烟效果。

化学阻化剂包含离子液体阻化剂、维生素 C、植酸、儿茶素、抗坏血酸、花青素等，其主要机理是从微观角度出发，通过破坏煤分子结构中的部分活性官能团，减弱煤与氧气的复合能力，从源头上干预煤氧复合反应进程[71]。肖旸等[72]研究了溶解性优异的离子液体对煤自然发火特性的影响，实验选取了四种不同的离子液体，考察了四种离子液体各自作用煤体时煤体的热重损失质量变化规律，并对其进行动力学分析，结果表明具有溶解性的离子液体对煤自然发火具有阻化效果。Qin 等[73]研究表明高吸水性凝胶和抗坏血酸合成的复合阻化剂能够有效降低煤氧化过程中的吸氧量，并提高交叉点温度。

一些吸水性较强的盐类是比较常用的阻化剂，这些盐类的水溶液附着在易被氧化的煤表面，形成一层含水液膜，使煤不能与氧接触，达到隔氧阻化。盐类具有吸水性，可保持煤体表面长期潮湿，利用水的吸热降温性，将煤低温氧化产生的温度吸收掉，阻止煤体蓄热升温，对煤的蓄热和自燃起到抑制作用。阻化剂的缺点是当煤表面的水分蒸发后，阻化剂的阻化作用就会消失，而干燥的阻化剂对煤的氧化与自燃具有催化作用，会促进自然发火的发生。此外，阻化剂在使用过程中，存在喷洒不均匀、稳定性较差、阻化寿命短、成本高、腐蚀井下设备等问题[74]。

5. 凝胶防灭火技术

凝胶是一种新型材料，其性质介于固态与液态之间。凝胶防灭火技术出现于20 世纪 80 年代，90 年代我国开始对凝胶防灭火技术开展了相关研究，并逐渐研发出一系列的胶体灭火材料，并形成了配套完善的灭火工艺。该技术的主要机理是利用钻孔或预埋管路将凝胶材料灌注到采空区或其他煤炭自然发火隐患的区域，在凝胶液固化前可顺利渗透到煤体裂隙中。通过凝胶液中固有的水分气化迅速降低火区温度，同时在煤体表面与氧气之间形成固化的隔离层，达到延缓煤氧复合的效果，是集封堵遗煤裂隙、降低火区温度、惰化遗煤于一体的防灭火技术。但在工程应用中也存在使用量小，不易流动扩散，长时间在温度过高的环境中胶体会干裂，易导致火区二次复燃的问题[75]。余明高等[76]以玉米淀粉和丙烯基单体为主要原料，通过自由基聚合反应，制作出了低成本的淀粉接枝高吸水性树脂，通过对其进行水溶性、黏性、灭火性能分析，证明了该吸水性树脂是一种具备良好防灭火性能的材料。聂士斌等[77]在水玻璃凝胶(water glass, WG)防灭火基础上，将高分子聚合物 A 与交联剂 B 引入 WG 中，利用互穿网络形成一种更加坚固、聚合物相互缠接更加紧密的凝胶结构，通过分析其成胶时间、阻化性能、成胶强度及灭火性能，证明该凝胶材料对煤的自然发火具有抑制作用。Ren 等[78]研究了一种新型的 MS/CMC-Al^{3+}凝胶防火灭火材料，通过 TG-IR 分析 MS/CMC-Al^{3+}凝胶的氧化特性，发现 MS/CMC-Al^{3+}凝胶可以有效抑制煤温的升高和热量的积累，是一种清洁的防火和灭火材料。Li 等[79]以羧甲基纤维素钠为基体，通过丙烯酸和 2-

丙烯酰胺-2-甲基丙磺酸的接枝共聚物得到了一种具有高吸水性和高稳定性的新型灭火凝胶，通过红外光谱、热重测量、X 射线衍射和扫描电子显微镜分析了产品的微观反应和结构，证明了该产品具有快速的吸水率、高比率、强耐盐性，并且具有明显的填充、密封和灭火作用。

蒋磊[80]分析了阻化剂的成胶及防灭火原理，介绍了凝胶阻化剂防灭火的参数计算及应用工艺，并将阻化剂应用于大同煤矿集团同发东周窑矿，得到了良好的效果。钟建勇和邓文华[81]使用凝胶阻化剂防灭火新技术对 3109 工作面进行防治。郑学召等[82]以廉价的煤化工固废料——气化灰渣为基料，添加羟丙基甲基纤维素（hydroxypropyl methyl cellu-lose, HPMC）凝胶剂，制备出一种新型气化灰渣凝胶材料，并比较分析了 $CaCl_2$ 阻化剂、气化灰渣凝胶的煤自燃阻化性能，结果表明，随着煤温不断升高，在 $CaCl_2$ 阻化剂和气化灰渣凝胶的煤样中一氧化碳与乙烯释放体积分数明显低于原煤，且一氧化碳抑制率在煤温 110℃时分别达到 46%、67.5%；气化灰渣凝胶可使 30～200℃的煤氧活化能增长 25.2%；气化灰渣凝胶能够显著降低 C—O、C＝C 官能团含量，有效阻断自由基链式反应，其阻化性能更佳。

6. 惰化防灭火技术

惰化防灭火技术是指往发生外因火灾或因煤自燃火灾而导致的封闭区等拟处理火区注入惰性气体或其他惰性物质，防止煤层自然发火的发生。注惰性气体防灭火技术自 20 世纪 70 年代在德国、英国、法国等国家得到了推广与应用[83]。80 年代我国开始对注氮防灭火技术开展相关研究[84]，其防灭火的主要机理是惰性气体充满整个采空区空间，冲淡采空区内的氧气含量及可燃气体含量，起到窒息、抑爆作用，同时可使高温煤体温度迅速下降至着火点温度以下，达到惰化火区的目的。向火区注入惰性气体是惰化防灭火技术的主要手段，目前以氮气和二氧化碳为主要的惰气源。

近年来，我国煤矿迅速将惰化防灭火技术推广应用，主要技术措施为：利用束管监测系统监测采空区气体成分，确定采空区煤自燃“三带”的宽度，利用已埋入采空区的埋管或向采空区打钻，将氮气不断地注入采空区氧化升温带，惰化氧化升温带，抑制煤炭自燃的发生；当巷道发生火灾后，迅速对火区建立临时密闭，通过管路将氮气大量地注入封闭火区，使封闭火区中的氧浓度迅速下降，如扑灭明火需要使氧浓度降至 10%以下，如迅速灭火则需要使氧浓度降至 1%～2%。

阮增定等[85]针对井下发生大面积外因火灾问题，提出了封闭火区与注入惰性气体相结合的措施，研究发现液态二氧化碳与氮气可有效抑制封闭火区的明火，加速其熄灭的速度；但对于深部火区而言，惰性气体依旧存在缺陷，无法完全抑制火区阴燃。韩兵等[86]分析了液态二氧化碳在井下实际应用中流动性较差，易于气化且受低温环境的影响，在注液态二氧化碳管路出口处煤岩会结冰，造成管路口堵塞，氮气制备过程中会有升温的缺陷，实践证明采用单一气体灭火时，效果不显著，基于两种气体的特性，建立了地面固定式复合惰性气体防灭火系统，该系统解决了氮气与二氧化碳各自的缺陷，同时还可快速有效地处理采空区遗煤自然发火的隐患。李宗翔等[87]基于封闭耗氧试验，运用 Fluent 流体力学软件对采空区注入二氧化碳进行数值模拟，通过分析注入气体前后采空区氧气浓度的变化、注入气体量对采空区氧化带范围的变化，得到二氧化碳气体由于受重力作用，可注入采空区底部，稀释遗煤中的氧气，采空区氧化带的宽度与注入气体量成反比关系。Si 等[88]利用采场三维物理模型，分析了二氧化碳气体运移规律、注气速率与氧化带面积的关系，结果表明，氧化带面积随着二氧化碳气体注入速率的增加而减小，二氧化碳注入采空区气体流场的演化可分为三个阶段：①当注气量较小时，二氧化碳在注气口周围聚集，存在一个注气半径；②充分注入阶段，此时二氧化碳渗透至采空区中部，并促使氧气向沿空留巷方向扩散；③过量注气阶段，氧化区缓慢减少或保持稳定，二氧化碳继续以小范围渗入沿空留巷中，导致沿空留巷中的二氧化碳浓度过高。研究结果有助于平衡惰性气体注入与安全生产之间的关系，为惰性气体防灭火技术的实际应用提供指导。

梁天水等[89]开展不同碳酸氢钠粒径和不同气体防火剂联合实验，结果表明，粒径越小，防火效果越好。他们[90]利用甲基膦酸二甲酯 (dimethyl methyl phosphonate, DMMP) 和二氧化碳协同灭火，效果特别好。焦淑华[91]利用注氮进行防灭火。

惰化防灭火技术的优点是惰气为气体，可在整个火区移动布满，可以对明火火灾进行扑灭，又可对隐蔽火源进行抑制和扑灭；其缺点是灭火周期较长，不能有效降低大热容的煤体温度，火区易复燃。

7. 泡沫防灭火技术

英国学者 Johnson 在 20 世纪 70 年代首次提出泡沫可应用于火灾领域，这一时期出现的惰气泡沫防灭火技术在欧洲的主要产煤国家应用极为广泛。泡沫灭火剂至今已有 100 多年的发展历史，泡沫灭火剂是指能够与水按一定的比例混合，通过搅拌、气体作用或化学作用生成膨胀泡沫的灭火试剂。20 世纪 90 年代初期，国内学者开始将惰气泡沫防灭火技术应用于煤矿采空区煤自然发火领域，随着对其深入研究，开发了不同种类的泡沫，如常用的阻化剂泡沫、三相泡沫、凝胶泡沫等。

陆伟[92]基于泡沫防灭火技术研制了一种新型的高倍阻化泡沫与高倍阻化泡沫的发射装备，经该发射装备喷出的泡沫具有 95% 以上的发泡率，稳定时间能保持在 3h 以上，发泡倍数达到 50 倍，将发泡充足的泡沫与煤样混合，并对其进行红外光谱测试，结果表明，经阻化后的煤样中，大部分的官能团都出现大幅度的降低，由此可见，高倍阻化泡沫可对煤体进行有效阻化。王德明教授[93]研发了一种集气态(氮气)、液态(水)、固态(黄泥或粉煤灰等)于一体的三相泡沫灭火材料，利用粉煤灰或黄泥的覆盖性、氮气的窒息性和水的吸热降温性进行防灭火，该技术的研发对于防灭火领域是一个巨大的突破，但仍有一些缺陷，当泡沫在采空区煤岩体表面破裂后，采空区裂隙重新暴露在空气中，无法对裂隙进行有效充填，采空区的遗煤存在二次复燃的风险，因此在漏风通道封堵性能方面有待改善。秦波涛和张雷林[94]基于三相泡沫防灭火技术，提出了多相凝胶泡沫防灭火技术，该技术将凝胶与三相泡沫各自的优势相结合，又克服了各自的不足，可大幅度提高其防灭火效果，但受凝胶成胶束缚的影响，其发泡倍数不高，间接导致多相凝胶泡沫无法对纵深较大的火区实现大面积有效充填，火区依旧存在二次复燃的风险。

第2章 平顶山矿区概况

2.1 矿区位置和范围

中国平煤神马控股集团有限公司所属煤矿分布在平顶山煤田、汝州煤田和禹州煤田内，矿区地跨平顶山市、许昌市的9个县（市、区）。平顶山矿区是1949年以后我国开发建设的大型矿区，煤炭年产量千万吨以上，是我国重要的大型煤炭基地。矿区有丰富的煤炭资源，探明煤炭储量超过100亿t，区内有大型矿井23对，主要开采丙组、丁组、戊组、己组、庚组煤，核定矿井生产能力27.94Mt/a，实际产量为28.30Mt/a。矿区南起平顶山煤田的庚组煤露头，北至汝州煤田的夏店断层并与登封煤田相邻，东北部与新密煤田相接，东邻许昌市，东南起于洛岗断层，西至双庙勘查区、汝西预查区西部边界，西北以宜洛煤田为界。矿区连绵百里，东西长138km，南北宽82km，面积约10000km²，初步查明含煤面积为2951km²。行政区划上，汝州煤田、平顶山煤田同属平顶山市，禹州煤田属许昌市，地理位置接近，经济发展联系紧密。平顶山矿区范围如图2-1所示。

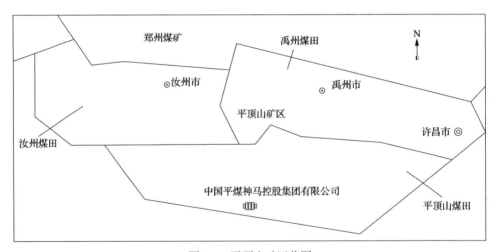

图 2-1　平顶山矿区范围

矿区交通便利，路网密布，公路建设实现了村村通。横贯矿区南北的主要交通干线有京珠高速公路、京广铁路、平禹铁路、郑南公路、宁洛高速公路、焦枝铁路等。连接矿区东西的主要交通干线有漯宝铁路、许平南高速公路、许洛公路等。

中国平煤神马控股集团有限公司是经河南省委、省政府批准，由平煤集团和神马集团重组整合，于 2008 年 12 月 5 日成立的特大型能源化工集团，是一家集煤、盐、电、焦、化、建六位于一体的，多元发展的跨区域、跨行业、跨所有制、跨国经营的新型能源化工集团，拥有平顶山天安煤业股份有限公司和神马实业股份有限公司两家上市公司。这两家公司都是中国 500 强企业，平顶山天安煤业股份有限公司是 1949 年以来我国自行勘探、设计、开发和建设的第一个特大型煤炭基地，是我国品种最全的炼焦煤和动力煤生产基地。中国平煤神马控股集团有限公司目前共有 19 个原煤生产单位，23 对生产矿井。生产矿井中带压开采矿井有 19 对，分别为二矿、四矿、五矿、八矿、九矿、十矿、十一矿、十二矿、十三矿、香山矿、吴寨矿、首山一矿、朝川矿一井、平顶山市瑞平煤矿有限公司张村矿、平顶山市瑞平煤矿有限公司庇山矿、河南长虹矿业有限公司、河南平禹煤电有限责任公司一矿和四矿、方山新井。生产矿井中有突出矿井 13 对，分别为一矿、二矿、四矿、五矿、六矿、八矿、九矿、十矿、十一矿、十二矿、十三矿、首山一矿及河南长虹矿业有限公司。

2.2　自　然　地　理

通常情况下，在某个地区距地表一定深度会出现一个恒温带，在恒温带以浅温度会随季节变化而变化，恒温带以深温度会以一定的地温梯度逐渐增加，通常用地温梯度来反映一个地区的地温情况。平煤股份地测处提供的资料显示，1.6～3.0℃/100m 为正常的地温梯度。根据平顶山矿区实测的地温及其深度得到了平顶山矿区地温梯度，见表 2-1。

从表 2-1 可以看出，平顶山矿区地温梯度最小值出现在西部的十一矿，为1.12℃/100m，最高地温梯度为 5.56℃/100m，在东部的首山一矿。矿区大部分矿井地温梯度在 3～4℃/100m，平均地温梯度为 3.55℃/100m。另外，不同矿井的地温梯度存在很大变化，甚至同一矿井的不同地段地温梯度也不尽相同。从矿区地温梯度数据来看，整个平顶山矿区地温普遍偏高，而且东北部地区地温要高于西部地区。区内平均地温梯度比邻区高，也高于华北地区的正常地温梯度（3℃/100m）。特别是东部的八矿和北部的十三矿均出现超过 40℃的采掘工作面，高温地热环境不仅增加了煤炭开采成本，还严重影响了井下工作人员的身体健康，并且随着矿井开采深度的增加，地热灾害造成的危害将越来越大。

一般认为温度对煤变质起着决定性作用，温度越高、作用时间越长，煤化作用就越强，煤的变质程度也就越高。平顶山矿区的煤质分布和地温分布特点也在一定程度上印证了温度对煤变质程度的影响。

表 2-1 平顶山矿区地温统计表

矿别	埋深/m	水温/℃	地温梯度/(℃/100m)	矿别	埋深/m	水温/℃	地温梯度/(℃/100m)
香山矿	293	22	1.79	十三矿	580	45	5.01
十一矿	543	23	1.12		584	38	3.72
九矿	643	39.5	3.61		591	27	1.73
五矿	622	45	4.66		627	42	4.12
七矿	339	28	3.44		661	27	1.54
三矿	690	42	3.73		822	53	4.49
四矿	627	40	3.79	首山一矿	633	51	5.56
	943	34	1.83	八矿	465	36	4.27
	1017	43	2.60		487	38	4.50
	1055	48	2.99		513	37	4.06
二矿	508	27	2.03		585	40.7	4.20
	790	41	3.11		597	49	5.56
十矿	868	51	4.01		851	49	3.85
十二矿	778	54	4.89		880	49	3.72
	1114	54	3.38		899	49	3.63
	1119	52	3.18		901	49	3.63

2.3 矿区地质条件

2.3.1 矿区地质构造

平顶山矿区位于秦岭纬向构造带东延部分与淮阳山字形西翼反射弧顶部的复合部位。燕山运动中，矿区处于 NE、SW 向挤压的构造背景，形成了以李口向斜为主体的复式褶皱，并在褶皱两翼形成一系列 NW 向断裂构造。老地层出露于湛河之南，煤系地层分布于湛河之北，除上二叠统平顶山砂岩、三叠系刘家沟组砂岩在低山丘陵出露外，地表几乎全部为第四系，露头稀少。

平顶山矿区突出的地质特征是区内断块隆起，四周拗陷，形成了以郏县正断层、襄郏正断层、鲁叶正断层为界的四周拗陷带。区内主体构造为一宽缓的复式向斜(李口向斜)，轴向 300°~310°，NW 向倾伏，两翼倾角为 5°~15°。位于李口向斜轴以南的有郝堂向斜、诸葛庙背斜、十矿向斜及郭庄背斜，位于向斜轴以北的有白石山背斜、灵武山向斜和襄郏断层。平顶山矿区地质构造纲要图如图 2-2 所示。

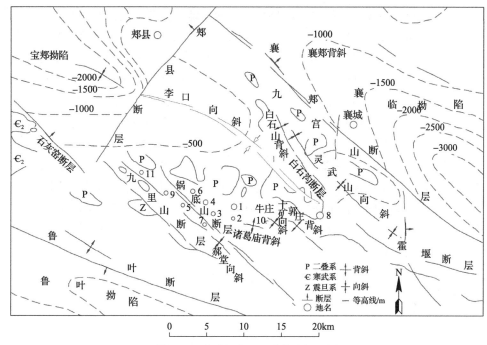

图 2-2　平顶山矿区地质构造纲要图

平顶山矿区由北向南依次有李口向斜、白石山背斜、灵武山向斜和襄郏背斜，断层多为 NW—SE 走向，与褶曲轴向基本一致，如九里山逆断层、锅底山正断层、霍堰正断层、白石沟正断层、襄郏正断层等；NE 向次之，如洛岗正断层、郏县正断层、沟里封正断层、七里店正断层等。断层多为正断层，逆断层次之。NW 向断层平面展布长度大，落差大；NE 向断层相对较短，落差也较小。NE 向断层形成时代较晚，并切割 NW 向断层。在襄郏背斜北东翼断裂发育密度较大，其余大部地区较为稀疏。矿区主体褶曲是李口向斜，两翼基本对称，北东翼地层倾角为 5°～12°，南西翼为 8°～20°；NW 向倾状，深部达 1500m 以上时，SE 向收敛消失。向斜南翼发育次一级 NW 向背斜，如郭庄背斜、牛庄向斜、焦赞向斜等。

通过对矿区构造特征分析，平顶山矿区地质构造形迹以 NW 向为主，NE 向次之。NW 向地质构造表现为压扭性质，以挤压、剪切作用为主；NE 向地质构造以拉张、剪切作用为主。平顶山矿区东部的八矿、十矿、十二矿位于 NW 向断裂、褶曲控制的构造复杂区，NW 向小构造比 NE 向小构造附近的构造煤层发育，构造附近发生煤与瓦斯突出的次数比较多。

按照地层顺序，平顶山矿区由上至下发育丁、戊、己、庚 4 组主要可采煤，丁组煤受挤压、剪切的破坏程度大于戊组煤，戊组煤受挤压、剪切的破坏程度大于己组煤，己组煤受挤压、剪切的破坏程度大于庚组煤。

以鲁叶断层为界，南部出露震旦系以下的老地层，北部出露石炭系和二叠系煤系地层及新生界。该断层为华北板块向南的俯冲断层，后期反转为正断层。其南侧的地层为大规模逆冲推覆，震旦系以上的石炭系和二叠系煤系地层遭受强烈的风化剥蚀。断层以北的地层同样受来自南西侧的推挤力作用，发生大规模褶皱断裂活动，形成了李口向斜、襄郏背斜、景家洼向斜、鲁叶背斜等褶皱，同时形成了一系列以压扭作用为主的 NWW—NW 向展布的逆冲断层，如九里山断层、锅底山断层、白石沟断层、襄郏断层（后期反转为正断层）。锅底山断层是一个由 SW 向 NE 逆冲的断层；襄郏断层是一个由 NE 向 SW 逆冲的断层，位于景家洼向斜的南西翼；景家洼向斜是一个紧闭的褶皱；白石沟断层与霍堰断层是同一条断层，由于位于李口向斜的北东翼，向斜在弯曲过程中形成了由 NE 向 SW 逆冲的断层。NWW 向断层表现为右行压扭性活动，正是由于锅底山断层的右行压扭性活动形成了三矿 G2 孔断层（图 2-3）。

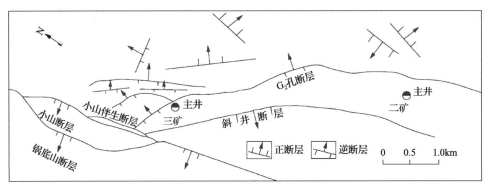

图 2-3　二矿、三矿地质构造纲要图

燕山运动早期，平顶山矿区受太平洋库拉板块 NNW 向俯冲作用，在原来NWW—NW 向构造基础上又叠加了 NNE—NE 向构造，如在矿区东西两侧NNE—NE 向展布的郏县断层和洛岗断层表现为左行压扭性活动。矿区内的 NWW—NW 向构造在一些部位与 NNE 向构造复合，如位于李口向斜东南收敛端的八矿既受 NWW 向构造的控制，又受 NNE 向构造的控制，且两者发生复合作用。八矿既发育 NNE—NE 向展布的前聂背斜，又发育 NWW—NW 向的焦赞向斜，同时发育 NW 向与 NE 向联合作用的任庄向斜，如图 2-4 所示。

在古近纪—新近纪，平顶山矿区表现为隆升伸展构造，形成一个四周拗陷、中间拱托的宽条带状隆起的块体，南西侧是鲁叶断层，北东侧是襄郏断层，北西侧是郏县断层，南东侧是洛岗断层。鲁叶断层、锅底山断层、襄郏断层表现为左行拉张活动，原来的逆冲断层反转为上盘下滑的正断层。锅底山断层旁侧的煤层受到左行扭动的牵引，其北东盘、南西盘的煤层弧形弯曲分别凸向 NW、SE，如图 2-5 所示。

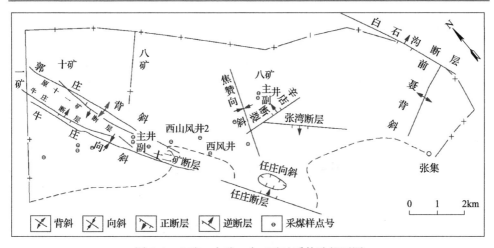

图 2-4　八矿、十矿、十二矿地质构造纲要图

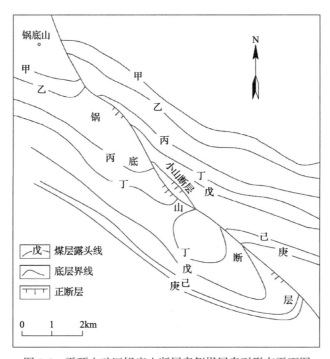

图 2-5　平顶山矿区锅底山断层旁侧煤层牵引形态平面图

燕山末期至喜马拉雅早期，太平洋板块转向为 NWW 向，对华北板块产生俯冲作用，NE 向、NNE 向断层表现为右行张扭性活动，此时的郏县断层和洛岗断层为右行张扭。随着矿区地块的隆升，郏县断层和洛岗断层反转为正断层；由于洛岗断层上盘大规模地下滑，使得与白石沟断层同是一条逆断层的霍堰断层上盘下滑反转为正断层。

2.3.2 矿区水文地质条件

平顶山矿区西部与伏牛山接壤，东部为黄淮平原，地势西高东低，呈阶梯状展布。矿区内河流主要有北汝河、沙河、湛河、澧河和甘江河，均属淮河水系，其中，沙河和北汝河流量较大，两条河流均发源于伏牛山东麓，自西向东分别流经平顶山煤田的南部和北部；湛河自西向东流经煤田南部，穿过整个平顶山市区后汇入沙河，是沙河主流之一。北汝河、澧河、甘江河和沙河最后都流入淮河。由于上述河流均位于淮河上游所以造成平顶山市水资源严重匮乏。

1. 含水层

依据地层岩性、岩溶裂隙发育情况、水力性质和富水特征，平顶山矿区的含水层自上而下划分为以下五大含水岩组。

(1)新生界第四系松散类孔隙含水层和新近系泥灰岩岩溶裂隙含水层组成的孔隙、岩溶含水岩组。总体富水性一般，主要分布在沙河、北汝河两岸及东部平坦低海拔地区，厚度由几米到几百米，西部厚度较薄、东部偏厚，岩性以夹杂有大量砂砾石的黏土和细砂为主。按成因不同可将含水层分为上下两层，以细砂和砾石为主的是上含水层，主要由河流冲击或山洪暴发形成；下含水层以黏土夹杂砾石为主，由自然堆积形成。透水性弱的黏土层将各个含水层彼此隔开，但断裂构造使得局部地区不同的含水层之间发生水力联系。沙河和北汝河两岸富水性强的冲积砂层可作为该含水层的补给水源，河流水和大气降水源源不断地补给，使得该含水层储量较大。钻孔单位涌水量为 0.0007～16.2L/(s·m)，渗透率为 0.0021～193.35mD，范围比较大。

(2)二叠系碎屑岩类裂隙含水岩组，包括非煤系地层的石千峰组和煤系地层的上石盒子组、下石盒子组及山西组，含水层由各组中的砂岩组成。石千峰组砂岩在平顶山煤田西南香山矿、十一矿可见出露，从而在该区域形成含水层的补给区，通过导水通道还能对其他含水层间接补给，该含水层厚度达 100 多米，相对较厚，且裂隙发育，富水性好。

二叠系上石盒子组、下石盒子组及山西组各煤层之间常见砂岩含水层，厚度差异较大，粒度由细到粗不等，该含水层富水性低于石千峰组砂岩含水层，但由于其处于含煤地层中，距离煤层顶底板较近，因此对煤层开采影响很大。一般各含水层之间被导水性差的泥岩隔开，水力联系不明显，为弱含水的裂隙承压含水层。

(3)石炭系太原组碎屑岩夹碳酸盐岩类岩溶裂隙含水岩组，岩性以一层碳酸质灰岩为主，由下向上分别以 L_1～L_9 命名该含水层各层灰岩，是平顶山矿区的一个主要含水层，富水性好，厚度大，结构均一稳定，岩溶裂隙发育，导水性强，各层灰岩水力联系明显。

(4)寒武系碳酸盐岩类岩溶裂隙含水岩组,该含水层在平顶山煤田西南的十一矿、香山矿、七矿附近有出露,是平顶山煤田最主要的含水层,可以直接接受大气降水和地表水的补给,厚度大,结构稳定,富水性好,其岩性为碳酸盐类石灰岩,中间被一层砂质泥岩隔水层隔开,将其分为上下两个含水层。其中上含水层岩溶裂隙比较发育,破碎带较多,导水性好;下含水层岩溶裂隙发育情况不如上含水层。

(5)变质岩类风化裂隙含水岩组,由寒武系以下的元古宇和太古宇老变质岩系组成,成分以石英为主,富水性弱,且埋深较大。

2. 隔水层

矿区内有五个主要隔水层,从下而上依次如下。

(1)寒武系底部隔水层。该层由下寒武统和中寒武统的馒头组与下寒武统的毛庄组的泥岩、砂质泥岩组成,阻隔了下寒武统石英砂岩和震旦系石英岩同张夏组灰岩含水层的水力联系,为区域隔水层。

(2)太原组下段砂泥岩隔水层。该层是太原组底部隔水层,以铝土质泥岩、砂质泥岩和中细粒砂岩为主,中间夹有1～2层薄层泥灰岩和灰岩,厚度均一,隔水性能较好。

(3)太原组中部砂泥岩隔水层。该层是太原组主要隔水层,岩性为泥岩和砂质泥岩。

(4)二$_1$煤层底部隔水层。该层一般指二$_1$煤层底到L_{8-9}灰岩顶之间的地层,平均厚约24.4m,岩性主要为泥岩、砂质泥岩,正常情况下具有一定的隔水能力,可阻止石炭系太原组上段灰岩含水层中的承压水进入开采二$_1$煤层的矿井。

(5)各煤层砂质泥岩和泥岩隔水层。该层在太原组以上的各层煤段砂岩含水层之间,岩性以砂质泥岩和泥岩为主,厚度在5～25m,透水性能较差。

3. 地下水补给、径流、排泄条件

平顶山煤田作为一个相对独立的水文地质单元,几乎不受煤田区域以外的地下水补给,区域内地下水的补给来源主要有以下五种,其中第一种和第二种分别为李口向斜南西翼和北东翼最主要的补给源。

(1)香山矿、十一矿浅部及七矿西南浅部灰岩露头的降水,河水补给,以及第四系、新近系含水层地下水的下渗补给。

(2)十三矿东北部厚度不大的第四系松散堆积物下隐伏着煤系露头,北汝河及大气降水从堆积物垂直渗入补给。

(3)北干渠河床直接揭露新近系泥灰岩,渠水下灌新近系泥灰岩,进而补给石炭系和寒武系灰岩含水层。

(4)灰岩隐伏露头可接受第四系含水层"天窗"补给。

（5）在山坡、山脚处，大气降水通过坡积层、洪积层补给煤系砂岩含水层。

平顶山煤田地下水接受补给后，在水压的影响下将会沿着地层产状、导水通道向排泄区径流。具体径流形式如下。①在李口向斜南西翼，大气降水和地表水从香山矿、十一矿西南部寒武系灰岩露头处下渗，一部分补给水顺岩层走向向北东向径流，流至八矿区域，而另一部分补给水则由于锅底山断层的阻水作用顺断层向南东向径流，并与七矿西南部灰岩露头处的补给水汇合继续沿锅底山断层向西南排泄。②在李口向斜北东翼，大气降水和地表水从十三矿北东部的煤层露头下渗，十三矿、首山一矿都处在径流区。③大气降水和地表水在平顶山煤田内部灰岩隐伏露头处或裂隙发育处通过上覆第四系盖层下渗再径流。由此可以看出平顶山煤田地下水补给径流在自然状态下是一个滞缓的过程。

平顶山矿区地下水排泄方式有两种：一种是自然排泄方式，在灰岩隐伏露头处，灰岩与第四系接触，灰岩地下水顶托排泄于第四系含水层或通过导水断层排泄于其他含水层；另一种是地下水通过井下出水点集中排泄，这是人工排泄方式。由于矿井长期疏排地下水，平顶山矿区岩溶地下水水位大幅下降。

2.3.3 矿区工程地质条件

在地质史上，平顶山矿区主要经历了三次大的构造运动，依次为中生代的印支运动、燕山运动以及新生代的喜马拉雅运动。

印支运动使整个华北聚煤盆地三叠纪以前的地层发生了强烈的褶皱隆起和断裂运动。平顶山煤田位于华北聚煤盆地南缘逆冲推覆构造带，主要是南北陆块沿近 NW 向北淮阳深大断裂发生碰撞作用，形成了开阔的以 NW 向为主的背斜、向斜构造，同时伴生相当发育的以 NW 向为主的压(扭)性断裂及发育较差的 NE 向张(扭)性断裂；构造应力场最大主应力为 NE—SW 向，并且主要由 SW 向 NE 推挤，如图 2-6 所示。

燕山运动主要是由于太平洋板块向北推移形成了区域左旋力偶作用的应力场，在该区表现为近 SN 向的左旋扭动，构造应力场最大主应力方向为近 NW—SE 向(这是第二期的构造应力场)，使第一期发生的断裂构造又经受了近 SN 向的左旋扭动作用。原来 NW 向的断裂压(扭)性活动变为张(扭)性活动，原来 NE 向的断裂张(扭)性活动变为压(扭)性活动。

喜马拉雅运动使该地区受印度板块向 NNE 推挤作用的影响，形成了近 NE 向的区域右旋力偶作用的应力场，最大主应力方向发展为近 EW 向，这是第三期的构造应力场。原来 NW 向的断裂和在第二期构造应力场作用下新产生的 NWW 向断裂又发生了右旋压(扭)性活动，原来 NE 向断裂和在第二期构造应力场作用下新产生的 NNW 向断裂又发生了张(扭)性活动。同时，该地区又发生了规模较大的差异升降运动，并一直延续到第四纪。

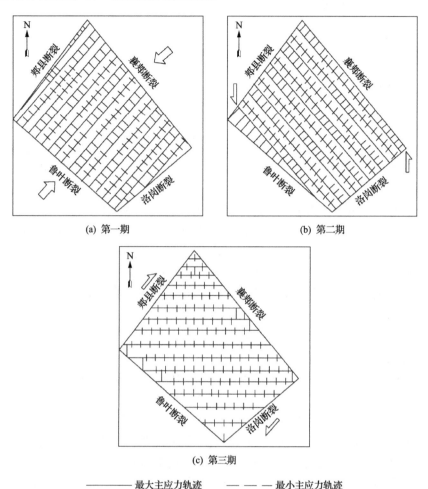

(a) 第一期　　　　　　　　　　　　　　(b) 第二期

(c) 第三期

———— 最大主应力轨迹　　— — — 最小主应力轨迹

图 2-6　区域构造应力场主应力轨迹趋势图

平顶山矿区三次大的构造运动形成了目前平顶山煤田中部拱托的宽条带状，其北西、南东、北东侧分别与高角度的郏县断层、鲁叶断层及襄郏断层相切。

近年来的地应力测量和研究结果表明，水平构造应力在现今地应力场中起着主导和控制作用。现今地应力场的最大主应力方向主要取决于现今构造应力场（和地质史上曾经出现过的构造应力场之间不存在直接或者必然的联系），只有在现今地应力场继承先前应力场而发展，或与历史上某一次构造应力场的方向耦合时，现今地应力场的方向才可能与历史上的地质构造要素之间发生联系。从图 2-6 可以看出，最大主应力的方向从第一期构造运动时的 NE—SW 向转为第二期构造运动时的 NW—SE 向，最后逐渐成为第三期构造运动时的近 EW 向。

2.3.4　矿区煤层及顶底板

1. 含煤地层

平顶山矿区内地层层序由老至新依次为寒武系崮山组，石炭系本溪组和太原组，二叠系山西组、下石盒子组、上石盒子组、石千峰组，以及第四系。

寒武系崮山组是石炭系含煤地层的沉积基底，厚度大于 68m，为灰色厚-巨厚层状白云质灰岩。

石炭系本溪组上界为太原组 L_7 灰岩底面，下界为寒武系崮山组白云质灰岩的顶面，厚度平均为 5.6m，主要为浅灰-灰白色铝土质泥岩和深灰色、灰黑色炭质泥岩。

石炭系太原组上界为 L_1 灰岩的顶面，或为山西组底部砂质泥岩的底面，下界为石炭系本溪组铝土质泥岩的顶面或 L_7 灰岩的底面，厚度为 53～86m，平均 62.5m，由深色生物碎屑灰岩、燧石灰岩、泥岩、砂质泥岩、粉砂岩和煤层组成，间夹菱镁质泥岩薄层，庚组煤位于本组下部灰岩的上部。

二叠系山西组上界为下石盒子组砂锅窑砂岩底面，下界为太原组顶部灰岩顶面，厚度为 87～114m，平均 105.3m，由浅灰绿色、深灰色中细粒砂岩、泥岩和煤层组成。含煤 2～5 层，为己组煤。

二叠系下石盒子组上界为田家沟砂岩底面，下界至砂锅窑砂岩底面，厚度为 284～311m，平均 304.4m，由灰黄色、深灰色中细粒砂岩、砂质泥岩、泥岩组成。依据岩性和含煤性，自下而上分别为戊组煤、丁组煤和丙组煤。

二叠系上石盒子组上界为平顶山砂岩底面，下界为田家沟砂岩顶面，厚度为 294～331m，平均 314.5m，主要由灰白色、灰黄色泥岩、砂质泥岩、粉砂岩、中细粒砂岩及劣质煤层组成。自下而上分别为乙组煤和甲组煤。

二叠系石千峰组在矿区内出露不全，厚度为 0～255m，平均 137.8m，主要由平顶山砂岩等组成。

第四系厚 0～33m，平均 11.93m，主要为黄土沙砾滚石。厚度不大，表土平均厚 2m。

2. 矿区主采煤层特征

平顶山矿区成煤年代为石炭系和二叠系，煤系地层含煤 7 组，共 88 层，含煤系数为 3.78%，主要可采煤层自下而上分别为一 $_5$（庚 $_{20}$）、二 $_{11}$（己 $_{17}$）、二 $_{12}$（己 $_{16}$）、二 $_2$（己 $_{15}$）、四 $_{21}$（戊 $_{10}$）、四 $_{22}$（戊 $_9$）、四 $_3$（戊 $_8$）、五 $_{21}$（丁 $_6$）、五 $_{22}$（丁 $_5$）、六 $_2$（丙 $_3$），其中二 $_{11}$（己 $_{17}$）和二 $_{12}$（己 $_{16}$）煤层、四 $_{21}$（戊 $_{10}$）和四 $_{22}$（戊 $_9$）煤层、五 $_{21}$（丁 $_6$）和五 $_{22}$（丁 $_5$）煤层大部分合层。局部可采煤层有一 $_4$（庚 $_{21}$）、二 $_3$（己 $_{14}$）、四 $_1$（戊 $_{11}$）、五 $_1$（丁 $_7$）、五 $_3$（丁 $_4$）、八 $_3$（乙 $_2$）。

1) 主要可采煤层简述

一 $_5$(庚 $_{20}$)煤层上距己 $_{16-17}$ 煤层 50～82m，平均 52m；与己 $_{16-17}$ 煤层间距总体趋势为煤田西部小，东部大。煤厚 0～3.22m，一般为 1.2～2.5m；煤厚总体趋势中部厚，两翼薄；煤层倾角为 8°～23°；煤层夹矸 1～3 层，夹矸厚度为 0～0.7m，为较稳定煤层。

二 $_{11}$(己 $_{17}$)、二 $_{12}$(己 $_{16}$)煤层上距己 $_{15}$ 煤层 0～31m，平均 10m；与己 $_{15}$ 煤层间距总体趋势为煤田中部大，两翼小。己 $_{16}$ 和己 $_{17}$ 煤层大部分合层，总体趋势呈西部(四矿以西)以合层为主，东部时合时分，煤厚 0～10.2m，一般为 1.5～6.2m；煤厚总体趋势为李口向斜南翼西厚东薄，李口向斜北翼西薄东厚；煤层倾角为 7°～38°；煤层夹矸 1～4 层，夹矸厚度为 0～0.8m，为稳定煤层。

二 $_2$(己 $_{15}$)煤层上距戊 $_{9-10}$ 煤层 140～200m，平均 180m。己 $_{15}$ 煤层厚度为 0～4.7m，一般为 1.5～3.5m；煤厚总体趋势为东部厚，西部薄(十矿以西)；煤层倾角为 7°～38°；煤层夹矸 1～2 层，夹矸厚度为 0～0.3m，为较稳定煤层。

四 $_{21}$(戊 $_{10}$)、四 $_{22}$(戊 $_8$)煤层上距戊 $_8$ 煤层 0～27.1m，平均 8m；与戊 $_8$ 煤层间距总体趋势为煤田中部小，两翼大。戊 $_9$ 和戊 $_{10}$ 煤层大部分合层，合、分层总体趋势不明显，煤厚 0.2～7m，一般为 2.8～3.8m；煤厚总体趋势东部厚，西部薄；煤层倾角为 7°～30°；煤层夹矸 1～3 层，夹矸厚度为 0～1.3m，为稳定煤层。

四 $_3$(戊 $_8$)煤层上距丁 $_{5-6}$ 煤层 58.7～100.0m，平均 83m；与丁 $_{5-6}$ 煤层间距总体趋势为煤田西部小，东部稍大。戊 $_8$ 和戊 $_{9-10}$ 煤层在一矿和十矿的局部区域合层，煤厚 0～5.6m，一般为 0.9～2m；煤厚总体趋势为中西部厚，东西两翼薄；煤层倾角为 7°～30°；煤层夹矸 1～2 层，夹矸厚度为 0～0.8m，为较稳定煤层。

五 $_{21}$(丁 $_6$)、五 $_{22}$(丁 $_5$)煤层上距丙 $_3$ 煤层 71.7～124.2m，平均 97m；与丙 $_3$ 煤层间距总体趋势为西部间距小，东部间距稍大。丁 $_5$ 和丁 $_6$ 煤层大部分合层，合、分层规律不明显，煤厚 1.1～5.2m，一般为 1.5～4.5m；煤厚总体趋势为西部厚，东部薄；煤层倾角为 6°～35°；煤层夹矸 1～3 层，夹矸厚度为 0～0.6m，为稳定煤层。

2) 局部可采煤层简述

二 $_3$(己 $_{14}$)煤层下距己 $_{15}$ 煤层 0～17m，平均 6m；与己 $_{15}$ 煤层间距总体趋势为中东部(十矿、十二矿)厚，两翼薄。煤厚 0～3.2m，一般为 0.3～0.6m，厚度变化较大，煤厚总体趋势为中部(四矿～十矿、十三矿东翼)相对稳定。

五 $_3$(丁 $_4$)煤层下距丁 $_{5-6}$ 煤层 0.5～13m，平均 6m；与丁 $_{5-6}$ 煤层间距总体趋势为煤田西部厚，东部薄。煤厚 0.2～1m，一般为 0.3～0.4m，只有部分矿井的部分区域可采。

3. 煤层顶底板岩性

一 $_5$(庚 $_{20}$)煤层直接顶为灰色中厚层状灰岩，厚度为 2～6m，平均 4m；基本顶为砂质泥岩，夹薄层细中粒砂岩或薄层灰岩，厚度为 4～12m，平均 10m。直接底为砂质泥岩，厚度为 1～6m，平均 3m；基本底为灰岩和砂质泥岩，平均厚度为 7m。

二 $_{11}$（己 $_{17}$）、二 $_{12}$（己 $_{16}$）煤层部分区域有泥岩伪顶，厚度为 0～0.8m，一般为 0.5m；直接顶为灰色砂质泥岩，厚度为 2.5～9m，平均 7m；基本顶为砂质泥岩、中粒砂岩，厚度为 4～12m，平均 8m。直接底为泥岩，厚度为 2～15m，平均 6m；基本底为砂质泥岩、中粒岩，厚度为 3～15m，平均 8m。

二 $_2$（己 $_{15}$）煤层部分区域有泥质伪顶，厚度为 0～0.5m，一般为 0.2m；直接顶为灰色砂质泥岩、粉砂岩，厚度为 2～8m，平均 5m；基本顶为砂质泥岩、中粒砂岩，厚度为 3～15m，平均 8m。

四 $_{21}$（戊 $_{10}$）、四 $_{22}$（戊 $_8$）煤层直接顶为灰色砂质泥岩、粉砂岩，厚度为 1～10m，平均 5m；基本顶为砂质泥岩、中粒砂岩，厚度为 2～18m，平均 8m。

四 $_3$（戊 $_8$）煤层部分区域有泥岩伪顶，厚度为 0～0.4m，一般为 0.2m；直接顶为灰色砂质泥岩、粉砂岩，厚度为 2～20m，平均 9m；基本顶为砂质泥岩、中粒砂岩，厚度为 2～12m，平均 10m。

五 $_{21}$（戊 $_6$）、五 $_{22}$（丁 $_5$）煤层直接顶为灰色泥岩、砂质泥岩，厚度为 1～6m，平均 4m；基本顶为砂质泥岩、中粒砂岩，厚度为 4～12m，平均 7m。直接底为砂质泥岩，厚度为 5～15m，平均 7m；基本底为泥岩、粉砂岩，厚度为 3～15m，平均 8m。

2.3.5　矿区瓦斯赋存

煤与瓦斯突出主要发生在高瓦斯煤层受强构造挤压、剪切作用的构造发育区。平顶山矿区位于秦岭造山带后陆逆冲断裂褶皱带，受秦岭造山带的控制；矿区位于华北板块南缘，因此又受华北板块构造运动的控制。平顶山矿区在海西期晚期、印支期早期扬子板块与华北板块碰撞拼接之前属于华北型沉积，沉积了一套完整的二叠系煤系，厚度为 800m 左右，煤系发育齐全，厚度大，煤层数多达 60 余层，煤层总厚度达 30 余米，其中可采煤 10 余层，可采煤厚度为 15～18m，煤种主要为气煤、肥煤、焦煤、瘦煤。煤岩组中镜质组含量为 46.15%～79.6%，平均为 60%；半镜质组含量为 3.94%～10.6%；壳质组含量为 0.36%～16.45%。由等温吸附试验可知，煤层的吸附瓦斯能力多在 30～40m³/t，最高可达 63.21m³/t；在目前的开采深度内，测定的煤层瓦斯含量多在 10m³/t 以上，因此平顶山矿区属于高瓦斯、有煤与瓦斯突出危险的矿区。

印支期以来，平顶山矿区受秦岭造山带隆起推挤作用，尤其是侏罗纪晚期到新生代初期，秦岭造山带发生了主造山期后的陆内造山的逆冲推覆和花岗岩浆活动，位于后陆区的秦岭造山带北缘边界断裂豫西渑池—义马—宜阳—鲁山—平顶山—舞阳区段发生了由南向北指向造山带外侧的逆冲推覆构造。来自南西侧的推挤力使平顶山矿区产生了逆冲推覆断裂褶皱作用，形成了九里山断层、锅底山断层、李口向斜、白石沟断层、襄郏断层等一系列 NWW—NW 向构造(图 2-7)。由于锅底山断层的右旋压扭性活动在该断层的北东翼形成了 NWW 向展布的 G2、E2、三矿斜井 3 条压性分支断层。同时，在矿区中部的十矿、十二矿形成了 NWW—NW 向展布的牛庄向斜、郭庄背斜、十矿向斜、牛庄逆断层等一系列压扭性构造，这些构造均是受区域构造应力场由 SW 向 NE 推挤作用的结果。郭庄背斜和牛庄向斜翼部揭露的小断层多为断层面 SW 向倾斜、NE 向逆冲的逆断层(图 2-8)，反映了构造作用力来自 SW—NE 向的推挤力。李口向斜枢纽朝 NW51°倾伏(6°～

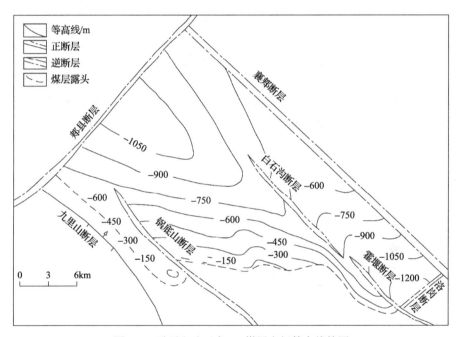

图 2-7　平顶山矿区戊$_{9-10}$煤层底板等高线简图

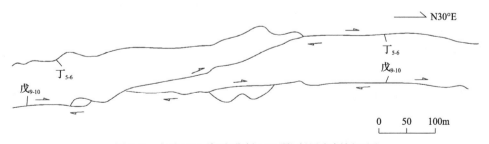

图 2-8　十矿五区(郭庄背斜 SW 翼)断层实例剖面图

12°)，南东端收敛仰起，北东翼倾角为 8°～24°，南西翼倾角为 10°～25°，也反映了推挤力来自 SW—NE 向。位于李口向斜轴南东端收敛仰起部位的八矿，西侧与十矿、十二矿相邻，东侧受 NE 向洛岗断层控制(洛岗断层此时期表现为 NE 向的左旋压扭活动)，由于该断层的影响作用，在八矿内形成了轴向 NE 向展布的前聂背斜，以及与 NW 向构造联合作用形成了盆形构造的任庄向斜，与 NW 向构造复合作用形成了焦赞向斜。

中生代以来，平顶山矿区受秦岭造山带隆起推挤作用，构造应力场以 SW—NE 向挤压作用为主，形成了以 NWW 向展布为主的构造，同时也形成了 NNE 向的复合构造，挤压着平顶山矿区的复杂构造区和构造煤层的发育区。大规模的挤压、剪切活动使得煤层结构严重破坏。构造煤层特别发育(厚度可达 1.5m 以上)，是平顶山矿区发生严重煤与瓦斯突出的主要原因之一。

2.4 己₁₅-31060 工作面概况

本书主要以己$_{15}$-31060 工作面为例详细介绍煤层自燃关键参数测试及精准防控技术，故简要介绍该工作面的基本情况。

2.4.1 工作面概况

己$_{15}$-31060 工作面位于三水平己一采区西翼上部，南部为己$_{15}$-31040 采面(已回采)，风巷上部为己$_{15}$-31040 机巷高抽巷，采面四周己$_{16-17}$均为实体煤，西为四矿、五矿井田边界，东为三水平运矸下山、三水平回风下山、三水平轨道下山、三水平皮带下山；垂深 860～1073m。

己$_{15}$-31060 工作面开采己$_{15}$煤层，煤层厚度较稳定；己$_{15}$煤为块状、碎块状；采面范围内己$_{15}$煤厚度在 0.8～2.3m，平均 1.55m，己$_{15}$煤层下部 0～0.4m 泥岩夹矸，底部见薄层炭质泥岩或劣质煤，厚度在 0.1～0.2m，平均 0.1m。煤层走向 264°～304°，倾向 354°～340°，倾角 6.0°～7.6°，平均 6.8°。己$_{15}$煤层与己$_{16-17}$煤层间距 3.9～11.9m，平均 7.9m；层间距由东向西逐渐增大，根据掘进期间实测地质资料，采面己$_{15}$煤中、东部厚，西部薄；己$_{16-17}$煤层东薄西厚，且己$_{16}$煤层与己$_{17}$煤层间距向西逐渐变薄，采面西部己$_{16-17}$煤层合层处煤厚 3.8m 左右。

己$_{15}$-31060 工作面为综合机械化采煤工作面，可采走向长(机巷 1417m，风巷 1388m)平均 1403m，倾斜长 195m，回采面积 273585m²，工业储量 593680t，可采储量 563996t。

2.4.2　工作面地质条件

己$_{15}$-31060 工作面地质条件见表 2-2。工作面地质综合柱状图如图 2-9 所示。

表 2-2　己$_{15}$-31060 工作面地质条件

项目	序号	内容	说明							
煤层赋存条件	1	倾角	6.0°～7.6°，平均 6.8°							
	2	普氏系数	煤层		夹矸		直接顶		直接底	
			0.5～1				2～3		1～2	
	3	瓦斯	相对瓦斯涌出量		3.66m³/t		绝对瓦斯涌出量		3.79m³/min	
	4	煤质	M/%	A/%	V/%	Q/(J/g)	FC/%	S/%	Y(1～8)	工业牌号
			3.0	33.25	26.04	20598	40.36	0.26	5	JM
储量估算	块段号	可采走向长/m	倾斜长/m	斜面积/m²	煤厚/m	容重/(t/m³)	工业储量/t	回采率/%	可采储量/t	
	A-111b	1403	195	273585	1.55	1.4	593680	95	563996	
顶底板情况	顶板名称		岩石名称	厚度/m		岩石特性				
	基本顶		中粒砂岩	14.0		灰-灰白色，厚层状				
	直接顶		粉砂岩砂质泥岩	4.0～4.7		灰白色，层状，粉砂岩与粉砂质泥岩互层，煤岩交接面常见黄铁矿化面或薄层赤铜矿化面				
	伪顶		无							
	直接底		泥岩	2.0～3.0		灰-深灰色，碎块状，煤层下部夹薄层炭质泥岩或薄层劣质煤线				
	基本底		砂质泥岩	1.9～8.9		灰色，团块状，含植物化石				

注：M 为水分含量；A 为灰分含量；V 为挥发分含量；Q 为发热量；FC 为固定碳含量；S 为硫含量；Y 为胶质层最大厚度；JM 为焦煤。

2.4.3　工作面地质构造

采面地质构造中等，在机风巷掘进期间共揭露断层 19 条落差在 0.3～5.5m 的断层；其中回采范围内 17 条落差在 0.3～2.6m 的断层均为正断层，断层集中在采面东、西两侧。

工作面机风巷掘进期间实测断层显示 F$_4$、F$_{12}$、F$_{14}$、F$_{15}$、F$_{16}$、F$_{19}$ 断层在煤层中的断落程度较高，形成局部或区段内全岩段，对回采有一定影响。

各断层的产状见表 2-3。

地层	层厚/m	累厚/m	柱状	岩石名称	岩性描述
二叠系山西组	4.5	27.5	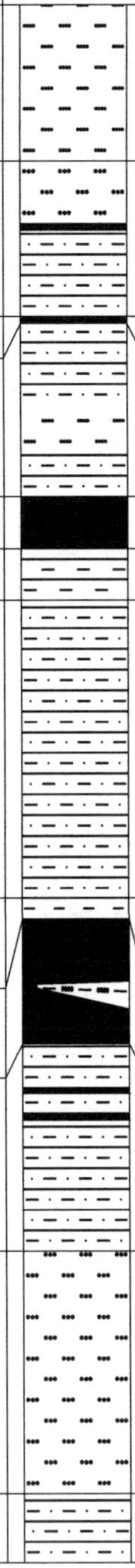	粉砂岩	灰色,层面含白云母,含少量植物化石
	4.5	32.0		细砂岩、砂质泥岩	灰白色,块状
	$\dfrac{0.2\sim0.4}{0.3}$	$\dfrac{32.2\sim32.6}{32.3}$		己$_{14}$煤	块状,亮煤
	$\dfrac{4.0\sim4.7}{4.35}$	$\dfrac{36.2\sim37.3}{36.65}$		粉砂岩、砂质泥岩	灰色,夹细砂岩条带,具炭化面,缓波状层理,中间薄层炭质泥岩(炭质泥岩距己$_{15}$煤层1.3~2.0m),下部为粉砂质泥岩,局部为粉砂岩或细砂岩
	$\dfrac{0.8\sim2.3}{1.55}$	$\dfrac{37.0\sim39.6}{38.2}$		己$_{15}$煤	块状、亮煤,底部含有劣质煤或夹矸
	$\dfrac{2.0\sim3.0}{2.5}$	$\dfrac{39.0\sim42.6}{40.7}$		泥岩	灰-深灰色,块状,含砂量不均,偶见煤屑
	$\dfrac{1.9\sim8.9}{5.4}$	$\dfrac{40.9\sim51.5}{46.1}$		砂质泥岩	灰-深灰色,块状,含砂量不均,偶见煤屑,具滑面,上部为泥岩,富含鳞木等植物根化石,西厚东薄
	$\dfrac{0.6\sim1.4}{1.0}$	$\dfrac{41.5\sim52.9}{47.1}$		泥岩与炭质泥岩互层	灰-深灰色,块状,含砂量不均,局部夹薄层碳质泥岩或煤线
	3.6	50.7		己$_{16-17}$煤	黑色,块状,亮煤,灰-深灰色,块状,含砂量不均,层间距由东向西变薄(0~0.9m),变薄处岩性为泥岩
	6.0	56.7		砂质泥岩	灰-深灰色,块状,含砂量不均
	7.0	63.7		砂质泥岩、细砂岩	灰-深灰色,块状,含砂量不均,偶见煤屑,具滑面,上部为泥岩,富含鳞木等植物根化石
	2.0	65.7		砂质泥岩	灰-深灰色,块状,含砂量不均

图 2-9　己$_{15}$-31060 工作面地质综合柱状图

表 2-3 各断层产状

断层名称	走向/(°)	倾向/(°)	倾角/(°)	性质	落差/m	对回采的影响程度
F_1	333	63	50	正断层	1.0	位于回采范围以外
F_2	153	63	40	正断层	5.5	位于回采范围以外
F_3	165	75	45	正断层	0.9	对回采影响较小
F_4	152	62	25	正断层	2.0	对回采影响大
F_5	152	62	35	正断层	1.2	对回采影响较大
F_6	354	264	35	正断层	1.2	对回采影响较大
F_7	354	84	27	正断层	0.7	对回采影响较小
F_8	359	269	20	正断层	0.5	对回采影响较小
F_9	357	267	28	正断层	0.4	对回采影响较小
F_{10}	42	132	40	正断层	0.4	对回采影响较小
F_{11}	340	70	25	正断层	0.3	对回采影响较小
F_{12}	346	76	30	正断层	3.0	对回采影响大
F_{13}	343	77	30	正断层	1.5	对回采影响较大
F_{14}	352	262	30	正断层	1.5	对回采影响较大
F_{15}	343	77	30	正断层	2.6	对回采影响大
F_{16}	59	329	27	正断层	1.5	对回采影响较大
F_{17}	58	328	30	正断层	1.1	对回采影响较大
F_{18}	58	328	28	正断层	0.8	对回采影响较小
F_{19}	55	325	32	正断层	2.4	对回采影响大

2.4.4 工作面水文地质情况

1. 水文地质情况

己$_{15}$-31060 工作面正常涌水量 10m^3/h，最大涌水量 20m^3/h。

工作面顶板含水层为二叠系砂岩裂隙含水层，由大占砂岩和香炭砂岩两层砂岩组成，含水层属弱富水性，南部己$_{15}$-31040 采面已回采，顶板砂岩中的水随垮落裂隙泄流。

工作面底板灰岩裂隙含水层由寒武系灰岩和石炭系灰岩组成，采面开采标高为–693～–600m，寒武系灰岩水标高在 2020 年 10 月为–539.2m，该面开采标高在寒武系灰岩水位线以下，采面底板受承压水威胁。经计算该工作面己组煤层突水系数为 0.025MPa/m，小于受构造破坏段临界突水系数 0.06MPa/m，承压含水层与开采煤层之间的隔水层能承受的水头值大于实际水头值。

2. 水害防治措施

(1)己$_{15}$-31060 工作面掘进期间形成了完善可靠的排水系统，机、风两巷排水能力不低于 20m³/h。

(2)工作面回采期间要加强水情水害观测，发现顶板淋水、上帮煤壁变潮、底板底鼓异常等异常水害情况，要立即停止施工，查找原因并制定措施，解除水害威胁后方可施工。

(3)施工单位持续组织强化职工进行突水预兆等水害知识培训学习，提高水害防治意识。

3. 主要含水层与采面的关系

顶板砂岩含水层位于己$_{15}$煤层之上，含水层主要由大占砂岩和香炭砂岩两层砂岩组成，下距己$_{15}$煤层平均 14m，是煤层顶板直接充水含水层。

底板含水层(寒武系碳酸盐岩岩溶裂隙含水层)位于石炭系太原组之下，为含煤地层的基底，主要含水层段为中寒武统张夏组鲕状灰岩和上寒武统崮山组白云质灰岩，距回采工作面 82.0m 左右。

2.4.5 其他地质条件

己$_{15}$-31060 工作面其他地质条件见表 2-4。

表 2-4　己$_{15}$-31060 工作面其他地质条件

序号	地质因素	概况
1	瓦斯	绝对瓦斯涌出量 3.79m³/min 相对瓦斯涌出量 3.66m³/t
2	煤尘爆炸危险性	煤尘爆炸指数为 26.17%～32.93%，有爆炸危险性，回采中必须加强综合防尘管理，严防煤尘超限现象发生
3	煤的自燃	自燃倾向为Ⅱ级，属自燃煤层
4	地温	恒温带深度为 25m，温度为 17.2℃，地温梯度为 3.27℃/100m，原岩地温为 39.7～43.7℃
5	地压	回采过程中产生的矿压是地压的主要表现形式，常造成底鼓或断面缩小
6	其他	无陷落柱、岩浆侵蚀冲刷带

第 3 章 构造煤与原煤的微观结构特征

3.1 煤样制备和实验方法

3.1.1 煤样的采集与制备

煤样为平顶山矿区丁组、戊组和己组煤层的断层处煤样(构造煤)和同层原生结构煤样(原煤)。煤样样品采集时要注意保护其完整性和初始状态,密封保存后,运送回实验室。对煤样表面进行去氧化处理,筛选粒径为 40~80 目的煤样,在40℃恒温条件下干燥,冷却后装入密封袋留作低温液氮吸附实验和程序升温氧化实验;另外筛选 100~120 目的煤样放入密封袋留作热重实验。构造煤与原煤工业分析及元素分析见表 3-1。为了方便下文表述,对实验中的煤样命名进行简化,丁组原煤命名 1#RC、构造煤命名 1#TC,戊组和己组煤样命名以此类推。

表 3-1 煤样工业分析及元素分析

煤样	M_{ad}/%	V_{ad}/%	A_{ad}/%	C/%	H/%	O/%	N/%
1#RC	1.37	21.80	29.69	83.42	4.75	4.27	0.6
1#TC	1.45	20.63	42.68	71.71	3.36	3.21	0.9
2#RC	1.40	19.00	32.81	80.15	3.76	3.83	0.8
2#TC	1.28	17.30	50.88	69.22	2.34	2.74	0.5
3#RC	0.83	23.33	16.11	87.85	5.08	4.54	0.6
3#TC	0.76	21.73	21.46	83.23	4.43	3.92	0.8

注:RC 为原煤;TC 为构造煤。M_{ad}、V_{ad}、A_{ad} 为空气干燥基的水分、挥发分、灰分的含量;C、H、O、N 为碳、氢、氧、氮元素的含量。

3.1.2 实验方法

采用低温(77.3K)氮气吸附法(<50nm)测定煤的孔隙结构,所用仪器如图 3-1所示。开展实验前,在脱气温度为 120℃的真空条件下干燥煤样 12h,尽量除去煤样中的水分及吸附气体,以减少其对氮气吸附量造成的影响。

氮气吸附法测定孔隙结构的原理是利用气体介质在固体孔隙结构内会产生毛细凝聚现象,从而将不同相对压力 P/P_0 下煤样孔隙结构吸附的氮气吸附量作为内部孔隙容积。气体吸附质在不同孔径、不同类别的孔隙结构内产生毛细凝聚现象以及解吸时的相对压力不同,其吸附等温线变化趋势也不同,因而可借此判别煤样中的孔隙结构类型并得到孔径变化规律。运用 BET 法和 BJH 法对构造煤和原煤的孔隙容积、孔径分布和比表面积计算处理，得到二者孔隙结构参数。

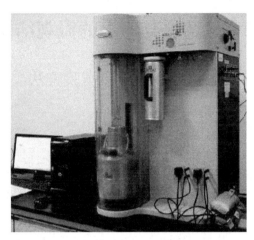

图 3-1　全自动物理化学吸附仪

BET 方程如下：

$$\frac{P}{V(P_0 - P)} = \frac{1}{V_{\mathrm{m}} \cdot C} + \frac{C-1}{V_{\mathrm{m}} \cdot C}(P/P_0) \tag{3-1}$$

式中，P 为气体达到吸附平衡时的压力；P_0 为气体的饱和蒸气压；V_{m} 为单层饱和气体吸附量；C 为样品相关吸附能力常数。

BJH 方程如下：

$$r_k = -4.14 \left(\ln \frac{P}{P_0} \right)^{-1} \tag{3-2}$$

式中，r_k 为凝聚在孔隙中的吸附气体的曲率半径。

基于 BJH 理论，吸附厚度 t 和吸附半径 r 可以表示为

$$t = -4.3 \left[\frac{5}{\ln(P/P_0)} \right]^{-1/3} \tag{3-3}$$

$$r = r_k + t \tag{3-4}$$

3.2　构造煤与原煤化学结构参数分析

煤体受应力、应变环境影响很大，煤层在构造应力作用下形成构造煤。构造

应力不仅使煤体孔隙结构发生改变，也影响着化学分子结构组成，一方面键能较低的侧链和官能团断裂脱落，形成小分子烃类或非烃类析出；另一方面芳构化和环缩合作用促使煤体结构分子发生重新排列、密集、有序化。

为研究构造煤与原煤化学结构的差异性，本节基于工业分析与元素分析对部分化学结构参数进行计算，见表 3-2。由表 3-2 可知，构造煤 $n(H)/n(C)$、$n(O)/n(C)$ 比原煤小，构造煤芳香度和环缩合度略比原煤大，说明构造应力作用下，煤分子结构超前演化。

表 3-2　构造煤与原煤化学结构参数

煤样	$n(H)/n(C)$	$n(O)/n(C)$	f_a	$2(R-1)/C$
1#RC	0.68	0.038	0.795	0.521
1#TC	0.56	0.034	0.822	0.615
2#RC	0.56	0.036	0.860	0.576
2#TC	0.41	0.030	0.902	0.692
3#RC	0.69	0.039	0.768	0.544
3#TC	0.64	0.035	0.781	0.580

注：f_a 为芳香度，为结构单元中芳香族结构的碳原子数与总碳原子数之比，可按 $f_a=(100-V)\times1200/(1240\times C)$ 计算，V 为挥发分，C 为碳元素含量。$2(R-1)/C$ 为结构单元的环缩合度，可按 $2-f_a-n(H/C)$ 计算，其中 R 为基本结构单元缩合环的数目。

3.3　构造煤与原煤孔隙结构分析

关于孔隙类型的划分方法有很多，本书采用张双全提出的方法，分类结果见表 3-3。气体分子吸附在固体物质表面的状态类型有很多种，国际纯粹与应用化学联合会(International Union of Pure and Applied Chemistry, IUPAC)将多孔材质的吸附等温线分成 6 类，后来经过对微孔和介孔的补充完善，将吸附等温线扩充为 8 种，如图 3-2 所示。

表 3-3　孔隙结构分类

孔隙类型	孔径/nm	孔隙成因	气体吸附特性
微孔	<2	变质孔	毛细管充填
小孔	2～10	胶体孔、变质孔	毛细管凝结
中孔	10～100	胶体孔	毛细管凝结
大孔	>100	构造孔、胶体孔	多分子层吸附

吸附等温线代表不同相对压力下煤样对气体的吸附量，而吸附量能直接反

映孔隙容积和比表面积的大小。构造煤和原煤低温氮气吸附等温线测定结果如图 3-3 所示。

由图 3-3 可知，三组煤样吸附等温线变化趋势分别属于 Ⅱ 型（丁组）和Ⅳ (a)

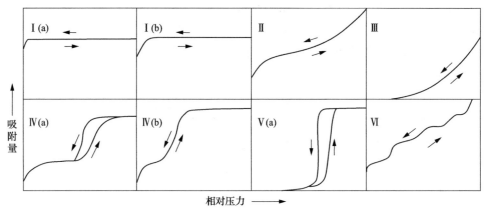

图 3-2　IUPAC 吸附等温线分类

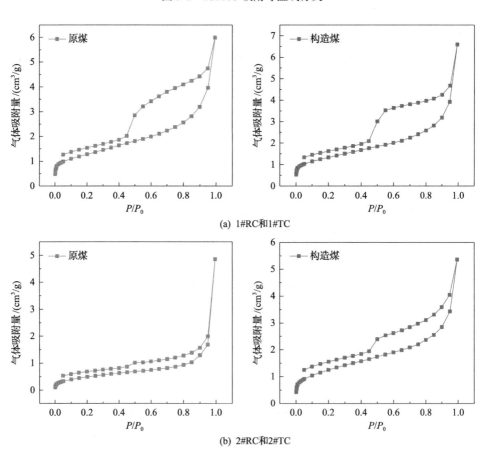

(a)　1#RC和1#TC

(b)　2#RC和2#TC

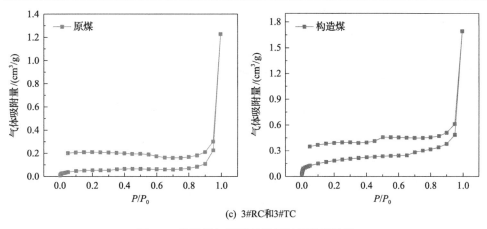

(c) 3#RC和3#TC

图 3-3　构造煤与原煤低温氮气吸附等温线

型(戊组和己组)，三组煤样中构造煤的氮气吸附量均大于原煤，煤样 1#TC 吸附量(6.6cm³/g)是 1#RC 吸附量(5.99cm³/g)的 1.1 倍；煤样 2#TC 吸附量(5.37cm³/g)是 2#RC 吸附量(4.86cm³/g)的 1.1 倍；煤样 3#TC 吸附量(1.69cm³/g)是 3#RC 吸附量(1.23cm³/g)的 1.37 倍，由此可知构造煤的吸附能力均较原煤强。

煤样 1#RC 和 1#TC 在相对压力 0~0.1 下吸附量增长较快，增长幅度相差不大，说明这两个煤样微孔数量较多；煤样 2#TC 和 3#TC 在相对压力 0~0.1 下吸附量增长速度明显比原煤快，说明构造煤微孔发育程度比原煤好；在相对压力 0~0.4 下，煤样 1#RC 和 1#TC、2#RC 和 2#TC 的煤体孔隙结构对氮气的吸附方式主要为单层吸附，随着相对压力逐渐增大，转变为多层吸附，吸附量逐渐增加，之后发生毛细凝聚。在相对压力 0~0.9 下，煤样 3#RC 和 3#TC 的吸附量增长较缓；在相对压力 0.9~1 下，氮气在孔内的吸附量快速增加，并发生毛细凝聚。

从图 3-3 可以看出，三组煤样的吸附等温线在相对压力下表现出不同程度的分离，从而导致吸附滞后现象——滞后环的产生，IUPAC 将滞后环类型分为 6 种，如图 3-4 所示。

对比观察图 3-3 和图 3-4 可知，三组煤样滞后环均属于 H3 类型。滞后环类型是判断煤样孔隙形态类型的重要依据，由吸附等温线产生的滞后环特征将孔隙形态分为圆筒孔、平行板孔、楔形孔及墨水瓶孔。基于孔隙的连通性类型，煤内部孔隙类型又可以划分为封闭孔、半封闭孔、交联孔和通孔。孔隙形态分类如图 3-5 所示。

基于上述分类方法可将三组煤样孔隙形态分为三大类。煤样 1#RC、1#TC 和 2#TC 为一类，在低压区时吸附曲线贴近脱附曲线，说明存在一端封闭的圆筒孔或封闭孔，高压区的滞后环较大，在相对压力为 0.5 左右时出现拐点，说明墨水瓶孔和开放性孔的数量较多；煤样 2#RC，在低压区时脱附曲线趋近于吸附曲线，且存在轻微的拐点，说明煤体内不透气性孔类较多，墨水瓶孔数量较少；煤样 3#RC

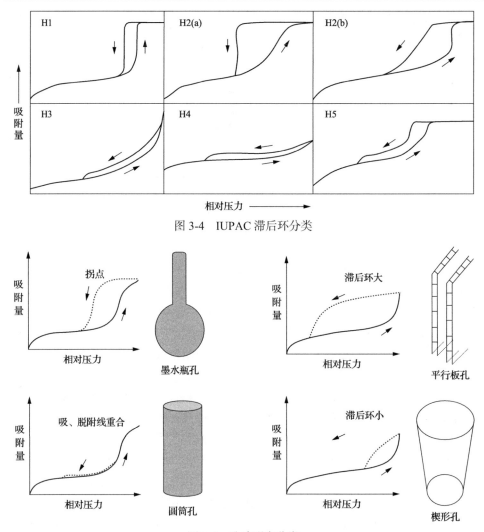

图 3-4 IUPAC 滞后环分类

图 3-5 孔隙形态分类

和 3#TC 在相对压力 0.9 以下，吸脱附等温曲线分离明显，滞后环较大，说明煤样内孔以开放性孔为主，通气性良好。三组煤样的构造煤在相对压力较大下的滞后环和拐点均比原煤较大，说明构造煤的孔隙连通性较好。

3.4 构造煤与原煤孔径及比表面积特征

表 3-4 为丁组、戊组和己组三组煤样的构造煤与原煤孔隙结构参数的变化，三组煤样中构造煤的总孔隙容积和 BET 比表面积均比原煤大，丁组和戊组煤样中构造煤的微孔和小孔的比表面积均比原煤大，这是因为构造煤微孔和小孔比原煤

发育良好。

表 3-4　构造煤与原煤孔隙结构参数

煤样	总孔隙容积/(cm³/g)	比表面积/(m²/g)			BET 比表面积/(m²/g)
		微孔	小孔	中孔	
1#RC	0.00691	1.223	2.281	0.251	4.453
1#TC	0.00740	1.485	3.283	0.184	4.845
2#RC	0.00451	0.398	0.319	0.665	1.815
2#TC	0.00585	1.771	1.414	0.155	4.501
3#RC	0.00024	0.017	0.088	0.041	0.200
3#TC	0.00141	0.212	0.099	0.017	0.671

为了更清晰直观地对比构造煤与原煤的总孔隙容积和 BET 比表面积变化趋势，绘制出三组煤样的实验结果对比图，如图 3-6 所示。

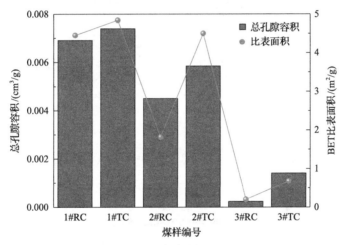

图 3-6　构造煤与原煤总孔隙容积及 BET 比表面积对比

孔体积变化率表征了特定孔径下孔体积变化速度，其数值越大说明在此孔径下孔数量越多，而累计孔体积则代表了在此孔径下所有孔容之和。构造煤与原煤孔径分布如图 3-7～图 3-9 所示。

由图 3-7～图 3-9 可知，三组煤样累计孔体积和阶段孔体积变化率规律相似，构造煤微孔和介孔体积变化率均大于原煤，其中煤样 1#TC 微孔体积变化率曲线峰值 $6.5 \times 10^{-3} \mathrm{cm}^3/(\mathrm{nm} \cdot \mathrm{g})$ 是煤样 1#RC 峰值 $2 \times 10^{-3} \mathrm{cm}^3/(\mathrm{nm} \cdot \mathrm{g})$ 的 3.25 倍，介孔体积变化率曲线峰值接近；煤样 2#TC 微孔体积变化率曲线峰值 $3 \times 10^{-3} \mathrm{cm}^3/(\mathrm{nm} \cdot \mathrm{g})$ 是煤样 2#RC 峰值 $6 \times 10^{-4} \mathrm{cm}^3/(\mathrm{nm} \cdot \mathrm{g})$ 的 5 倍，煤样 2#TC 介孔体积变化率曲线峰值 $2.5 \times 10^{-3} \mathrm{cm}^3/(\mathrm{nm} \cdot \mathrm{g})$ 是煤样 2#RC 峰值 $4.5 \times 10^{-4} \mathrm{cm}^3/(\mathrm{nm} \cdot \mathrm{g})$ 的 5 倍；煤样 3#TC 微孔体积变化率曲线峰值 $2.5 \times 10^{-4} \mathrm{cm}^3/(\mathrm{nm} \cdot \mathrm{g})$ 是煤样 3#RC 峰值 $2.5 \times 10^{-5} \mathrm{cm}^3/(\mathrm{nm} \cdot \mathrm{g})$ 的 10 倍，煤样 3#TC 介孔体积变化率曲线峰值 $1.5 \times$

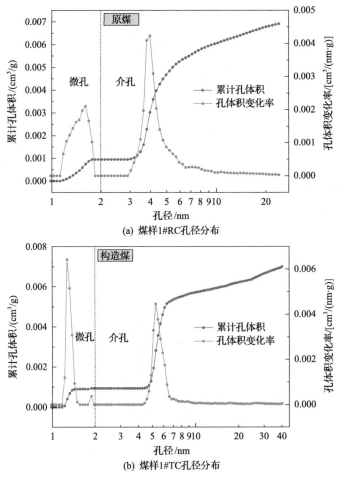

(a) 煤样1#RC孔径分布

(b) 煤样1#TC孔径分布

图 3-7　煤样 1#RC 和 1#TC 孔径分布

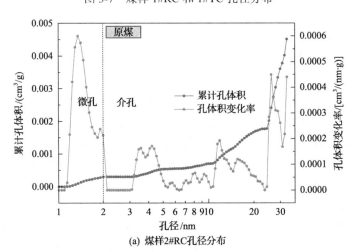

(a) 煤样2#RC孔径分布

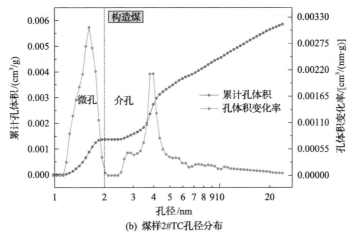

(b) 煤样2#TC孔径分布

图 3-8　煤样 2#RC 和 2#TC 孔径分布

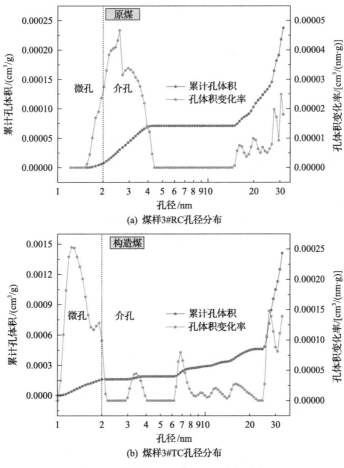

(a) 煤样3#RC孔径分布

(b) 煤样3#TC孔径分布

图 3-9　煤样 3#RC 和 3#TC 孔径分布

$10^{-4}\mathrm{cm}^3/(\mathrm{nm\cdot g})$ 是煤样 3#RC 峰值 $4.8\times10^{-5}\mathrm{cm}^3/(\mathrm{nm\cdot g})$ 的 3.125 倍，由此可知构造应力作用促进了煤样微孔和介孔的发育。

比表面积对吸附特性有重要影响，构造煤与原煤累计比表面积及阶段比表面积变化率对比关系如图 3-10 所示。

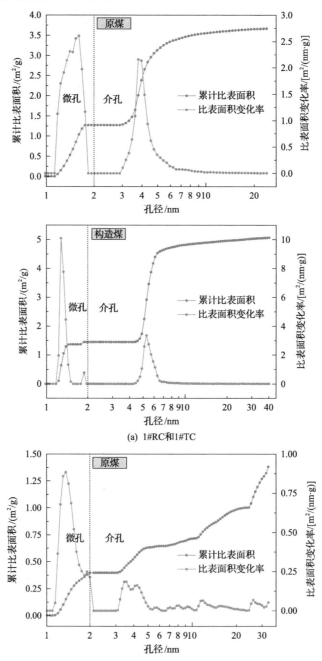

(a) 1#RC和1#TC

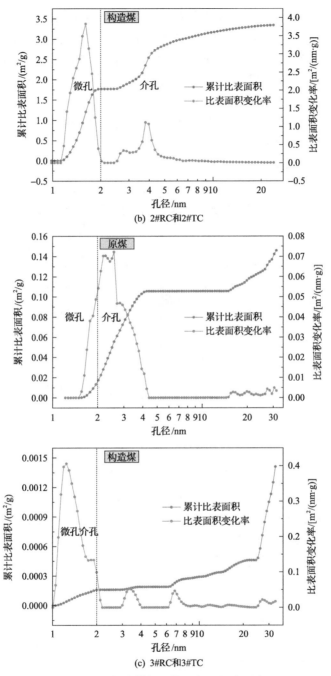

图 3-10　构造煤与原煤比表面积对比图

通过图 3-10 比较各煤样构造煤与原煤在不同孔径下的比表面积变化规律，可以发现累计比表面积随着孔径增大逐渐增大，构造煤微孔、介孔阶段比表面积变化率远比原煤大，其中微孔的比表面积变化率明显大于介孔，煤样 1#TC 微孔比表面积变化率峰值 10.1m²/(nm·g) 是 1#RC 微孔比表面积变化率峰值 2.6m²/(nm·g) 的 3.88 倍，煤样 2#TC 微孔比表面积变化率峰值 3.82m²/(nm·g) 是 2#RC 峰值 0.88m²/(nm·g) 的 4.4 倍，煤样 3#TC 微孔比表面积变化率峰值 0.4m²/(nm·g) 是 3#RC 峰值 0.05m²/(nm·g) 的 8 倍，这说明构造应力作用下构造煤拥有更大的比表面积且微孔比表面积变化更明显，也说明微孔在累计比表面积的占比远大于其他孔径。

为了更直观地观察各阶段孔径下比表面积变化情况，对各阶段孔径的比表面积占比进行计算，如图 3-11 所示。

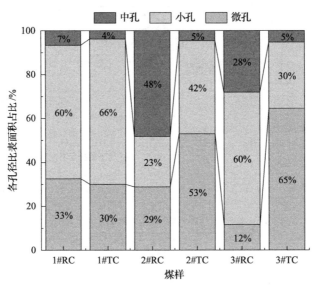

图 3-11　构造煤与原煤各孔径比表面积占比图

在各孔径比表面积占比中，煤样 1#RC 和 1#TC 的微孔、小孔所占比例之和接近，而煤样 2#TC 和 3#TC 的微孔和小孔所占比例之和均超过了 90%，远大于煤样 2#RC 和 3#RC，说明构造煤微孔、小孔比表面积占比更大，有助于煤表面活性结构与氧气充分接触，加快氧化反应的进行。

3.5　分形维数特征

分形维数可表征煤体孔结构的非均质性和复杂性，一般分形维数越大，煤体内部孔隙结构越复杂，利用 Frenkel-Hal Sey-Hill（FHH）模型对原煤与构造煤分形维数进行计算，公式为

$$\ln V = A \ln\left(\frac{P_0}{P}\right) + C \tag{3-5}$$

式中，V 为在平衡压力 P 下的气体吸附量；P_0 为氮气的饱和蒸气压；A 为线性关系系数；C 为常数项。

根据线性关系系数 A 可得到分形维数 D，可由式(3-6)表示：

$$D = A + 3 \tag{3-6}$$

分形维数拟合关系如图 3-12～图 3-14 所示，拟合结果见表 3-5。

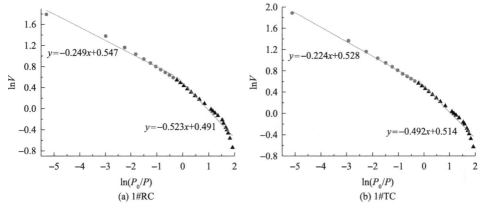

图 3-12　煤样 1#RC 与 1#TC 分形维数拟合关系

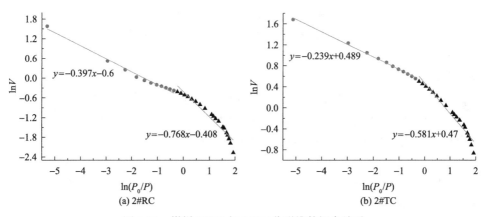

图 3-13　煤样 2#RC 与 2#TC 分形维数拟合关系

表 3-5　基于 FHH 模型的分形维数统计结果

煤样	相对高压区（$P/P_0 > 0.5$）			相对低压区（$P/P_0 < 0.5$）		
	R^2	A	$D_2 = 3 + A$	R^2	A	$D_1 = 3 + A$
1#RC	0.983	−0.249	2.751	0.959	−0.523	2.477
1#TC	0.997	−0.224	2.776	0.964	−0.492	2.508
2#RC	0.989	−0.397	2.603	0.937	−0.768	2.232

煤样	相对高压区（$P/P_0 > 0.5$）			相对低压区（$P/P_0 < 0.5$）		
	R^2	A	$D_2 = 3+A$	R^2	A	$D_1 = 3+A$
2#TC	0.997	−0.239	2.761	0.956	−0.581	2.419
3#RC	0.936	−0.624	2.376	0.872	−0.831	2.169
3#TC	0.928	−0.391	2.609	0.850	−0.648	2.352

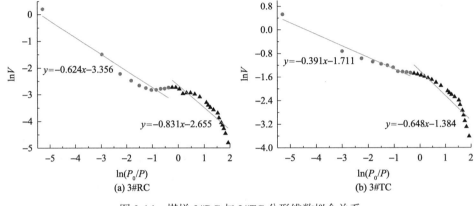

图 3-14　煤样 3#RC 与 3#TC 分形维数拟合关系

结合图 3-12～图 3-14 和表 3-5 可以发现，分形维数在相对低压区和相对高压区呈两段分布，构造煤和原煤在相对压力 0.5 以下均存在滞后环，拟合得到的分形维数以 $P/P_0 = 0.5$ 为界，在相对低压区（$P/P_0 < 0.5$）拟合得到的分形维数为 D_1，气体在煤体孔结构内主要以单分子层吸附形式进行；在相对高压区（P/P_0 为 0.5～1）拟合得到的分形维数为 D_2，此时由于气体发生多分子层吸附和毛细血管的冷凝现象，气体吸附量大幅增加。D_1 与煤体表观粗糙度有关，D_1 越大说明煤体表面形貌越粗糙；D_2 代表着煤内部孔结构的复杂程度，D_2 越大说明内部孔隙结构越复杂且非均质性也越强。通过对表 3-5 分形维数分析可得，构造煤的 D_1 和 D_2 皆大于原煤，说明在构造应力作用下，构造煤的表面粗糙度更大且内部孔隙结构更复杂，这是构造煤吸附性强于原煤的关键。

第4章　煤层自燃标志气体选择及关键参数测试

国内外学者先后指出：分析井下气体成分可以作为检测和评估矿井井下热动力灾害进程的依据，也被证明是预测预报煤矿热动力灾害的一种有效方法，由此衍生出来了一种利用煤自燃释放的一些气体预测煤自燃的技术，这对于早期发现煤自燃火灾隐患，及时采取措施控制火势，降低煤自燃火灾危害是相当有意义的。

4.1　程序升温氧化实验

实验仪器选用 ZRD-Ⅱ型煤氧化特性测定装置(图 4-1)，该装置由供气单元、程序升温单元和气相色谱分析单元组成。按顺序连接好气体管路，供气单元将一定比例的氮气和氧气通入既定参数的程序升温箱中，煤样罐内的测温装置对煤样温度变化情况进行实时监测。实验条件为空气氛围，气体流量为 100mL/min，将程序升温速率设置为 0.8℃/min，配气供氧系统为 21%，气相色谱分析单元每间隔 20min 会对出口处气体成分的含量进行一次记录，直至煤样温度升至 250℃，停止实验。

图 4-1　ZRD-Ⅱ型煤氧化特性测定装置

程序升温氧化实验的实验步骤如下。
(1) 调节色谱，使色谱采集气体精度达到 3%以下。
(2) 称取 50g 粒径为 40～80 目的煤样放于煤样罐中。
(3) 设置好测试炉各参数。
(4) 单击测试炉温恒温运行，使煤样达到设置恒温温度后，再单击测试炉升温。
(5) 对出气口气体按规定时间进行采集，并时常调节气体流量。
(6) 罐温升至 250℃左右，停止实验，关闭实验仪器，保存数据。

4.2　己$_{15}$煤样的升温氧化实验研究

煤的自然发火经历三个不同的发展阶段，即缓慢氧化阶段、加速氧化阶段和激烈氧化阶段。不同氧化阶段对应着不同的自燃温度范围和气体产物组分与浓度，这些气体产物中通常用于预测预报自然发火进程的是 CO、C_1—C_4 烷烃、C_2—C_3 烯烃及 C_2H_2 等。平煤四矿己$_{15}$-31060 工作面煤样升温氧化过程中气体产物的测试数据见表 4-1。

表 4-1　平煤四矿己$_{15}$-31060 工作面煤样升温氧化过程中气体组分及浓度

煤样温度/℃	CH_4/ppm	C_2H_4/ppm	C_2H_6/ppm	CO/ppm	CO_2/ppm	C_2H_2/ppm	C_3H_8/ppm	O_2/%
40	0.02329	0	0.2068	1.156	62.12	0	0.3497	20.7
50	0.03491	0	0.2228	1.021	61.3	0	0.02299	20.74
60	0.01156	0	0.3303	1.462	77.01	0	1.308	20.63
70	0.05102	0	0.5396	10.12	101.6	0	2.525	20.67
80	0.2517	0	0.7822	14.65	146.9	0	0	20.87
90	0.439	0	1.228	26.33	221.3	0	8.286	20.57
101	1.012	0	2.018	46.2	345.5	0	16.25	20.52
112	2.029	0.1701	3.802	79.28	503.3	0	29.59	20.36
134	6.982	0.3814	9.198	193.2	961.3	0	92.55	19.95
156	17.98	1.144	22.79	442.2	1818	0	252	19.31
168	26.64	1.961	34.91	672.1	2502	0	382.2	18.67
180	38.66	3.391	51.15	1036	3424	0	557.8	17.96
192	55.72	5.838	73.78	1599	4870	0	796.5	16.68
204	80.06	9.839	97.67	2494	7171	0	1104	14.82
217	116.4	17.47	125.3	3789	11000	0	1475	12.19

注：ppm 为仪器测试的单位，为 10^{-6}。

4.2.1　碳氧化合物的析出规律

根据表 4-1 可获得碳氧化合物气体浓度与温度的关系图，如图 4-2 和图 4-3 所示。

分析图 4-2 可知：实验煤样在 40～217℃的反应温度范围内可以测试到 CO_2 气体。在 40～70℃测试到的 CO_2 气体一方面来源于实验供气系统含有的 CO_2，另一方面煤样中原生 CO_2 气体的受热脱附和煤与氧的缓慢氧化反应。在 70～112℃下煤氧复合反应处于加速氧化阶段，反应速率逐渐加快，氧化产生的 CO_2 气体随温度的升高稳步增加。在 112℃以后煤氧复合反应剧烈，反应速率急剧增大，此时 CO_2 气体的产生量较前期开始成倍增加。例如，实验终止温度 217℃时的

CO_2 产生量（11000ppm）是 70℃时（101.6ppm）的 108.27 倍。

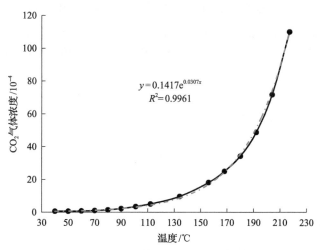

图 4-2　CO_2 气体浓度与温度的关系图

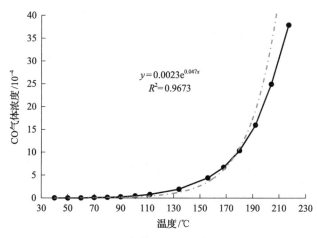

图 4-3　CO 气体浓度与温度的关系图

利用数据处理工具拟合煤样升温氧化过程中 CO_2 气体析出量 $\psi(CO_2)$ 与煤体温度（T）对应的实验数据发现：$\psi(CO_2)$ 与 T 呈近似指数关系递增，其关系式可表示为 $\psi(CO_2)=0.1417\times e^{0.0307T}$，相关系数 R 为 0.998。由于含有 CO_2 的气流流经潮湿煤壁时，CO_2 会被吸收导致浓度降低，因此在现场中选用 CO_2 作为预报参数，又因 CO_2 受外界条件的影响较大，易发生误报的情况，故通常不选用 CO_2 作为预测的标志性气体。

分析图 4-3 可知：平煤四矿己$_{15}$-31060 工作面煤样在 40～217℃的反应过程中均能够检测到 CO 气体。在 40～70℃测试到的 CO 气体可能来源于煤中原生 CO 气体的受热脱附和煤与氧缓慢的氧化反应。在 70～112℃下煤氧复合反应处于加速氧化阶段，反应速率逐渐加快，氧化产生的 CO 气体随温度的升高稳步增加。尤其是 C_2H_4 气体产生（对应温度 112℃）以后，煤分子结构的内能急剧增大，煤氧复合反应和煤的热解反应速率急剧增大，此时 CO 气体的产生量较前期开始成倍增加。例如，112℃时的 CO 气体产生量（79.28ppm）是 70℃时（10.12ppm）的 7.83 倍。通过数据处理工具拟合 40～217℃的煤样 CO 气体析出量 $\psi(CO)$ 与煤体温度（T）的实验数据发现：$\psi(CO)$ 与 T 近似呈指数关系递增，其关系式为 $\psi(CO) = 0.0023 \times e^{0.047T}$，相关系数 R 为 0.98。

结合前述分析的平煤四矿己$_{15}$-31060 工作面 CO 气体的来源以及与煤温之间良好的对应规律，考虑到本煤层工作面正常生产时只有井下出现热异常时才会检测到 CO，且 CO 受外界条件影响小，具有很高的灵敏性，再者 CO 出现的临界温度低，因此选用 CO 作为预测煤炭早期自燃进程的标志性气体相当有效。实验过程中升温氧化 CO 气体首次检出（浓度为 10.12ppm）时的温度为 70℃。

4.2.2　碳氢化合物的析出规律

根据表 4-1 可获得碳氢化合物气体浓度与温度的关系图，如图 4-4～图 4-7 所示。观察图 4-4～图 4-6 可知，烷烃气体 CH_4、C_2H_6 和 C_3H_8 在实验温度 40～217℃ 范围内均能检测到相应气体，其析出趋势也基本相同，CH_4、C_2H_6 和 C_3H_8 在 112℃ 以前随着温度的升高其气体浓度缓慢增大；在实验温度 112℃以后，随着温度的升高其气体浓度快速增大。初期检测到的 CH_4、C_2H_6 和 C_3H_8 气体可认为是煤中赋存的原生烷烃气体的受热脱附。随着煤温的升高，达到煤自燃的临界温度后，煤结构中部分官能团（—COOH、—OH、含氧杂环等）受热裂解、脂肪侧链受热裂解、烷基侧链断裂分解等生成 CH_4、C_2H_6 和 C_3H_8 气体。热解产生的 CH_4、C_2H_6 和 C_3H_8 气体量随着温度的升高而增大。

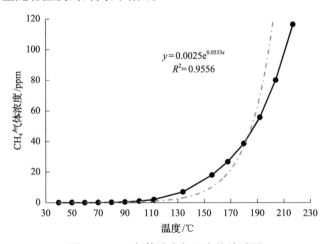

$$y = 0.0025e^{0.0533x}$$
$$R^2 = 0.9556$$

图 4-4　CH_4 气体浓度与温度的关系图

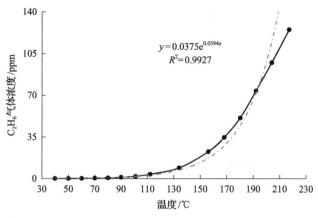

图 4-5　C_2H_6 气体浓度与温度的关系图

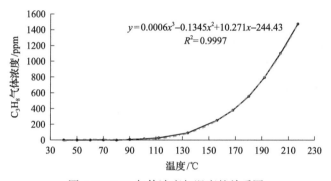

图 4-6　C_3H_8 气体浓度与温度的关系图

观察图 4-7 可知，C_2H_4 气体在实验温度 40～112℃ 范围内均为零，也就是说此阶段基本没有出现 C_2H_4 气体。112℃ 时才开始检测出该气体，之后随着温度的升高，C_2H_4 气体浓度迅速增大。通常认为烯烃类气体的生成一方面来源于游离相

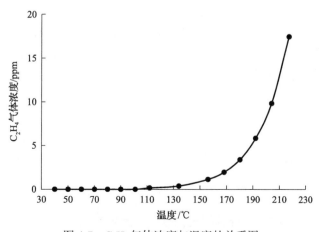

图 4-7　C_2H_4 气体浓度与温度的关系图

中的脂肪烃通过自由基裂解生成烃类气体；另一方面来源于芳环上的烷基侧链、炔烃(如丙炔)和官能团等断裂和分解。

实验终止温度(217℃)时 C_2H_4 气体的产生量(17.47ppm)是 112℃时(0.1701ppm)的 102.70 倍。考虑到煤层中通常不会赋存有烯烃类气体物质，也就是说环境对烯烃产生的影响较小，因此 C_2H_4 可以作为预测煤加速氧化阶段的标志性气体。

平煤四矿己$_{15}$-31060 工作面煤样 C_2H_4 气体首次检出(浓度为 0.1701ppm)时的温度为 112℃。

4.2.3　氧气的变化规律

根据表 4-1 可获得 O_2 气体浓度与温度的关系图，如图 4-8 所示。

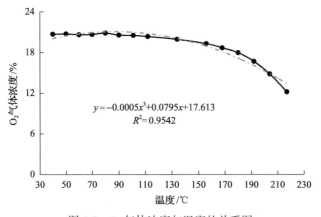

$$y = -0.0005x^3 + 0.0795x + 17.613$$
$$R^2 = 0.9542$$

图 4-8　O_2 气体浓度与温度的关系图

观察图 4-8 可以看出，112℃以前，实验煤样主要为煤中气体受热脱附反应，伴随有缓慢的煤氧复合反应，氧消耗量极少，112℃时 O_2 气体浓度仍高达 20.36%。112℃以后，煤氧复合反应进入加速氧化阶段，氧消耗量呈快速增大趋势，156℃时 O_2 气体浓度降低至 19.31%。156℃以后，煤氧复合反应过程进入剧烈氧化阶段，氧消耗量急剧增大，实验终止温度(217℃)时 O_2 气体浓度只有 12.19%。

4.2.4　耗氧速率分析

影响煤耗氧速率的主要因素包括煤体结构、煤样的颗粒大小、温度及氧气浓度。根据程序升温氧化实验的结果，可以计算出不同温度下的耗氧速率，从而研究温度对于煤耗氧速率的影响。

$$V_{O_2}^0(T) = \frac{Q \cdot C_{O_2}}{S(Z_{i+1} - Z_i)} \ln \frac{C_i}{C_{i+1}} \tag{4-1}$$

式中，$V_{O_2}^0(T)$ 为煤的耗氧速率，mol/(cm³·s)；Q 为供风量，mL/min；C_{O_2} 为空气中氧气浓度；S 为煤样罐的横截面积，cm²；Z_{i+1}-Z_i 为煤样高度，cm；C_i、C_{i+1} 为出、入口氧气浓度。

根据式(4-1)及程序升温氧化数据，可以得出平煤四矿己$_{15}$-31060 工作面采空区的耗氧速率与温度的关系图，如图 4-9 所示。

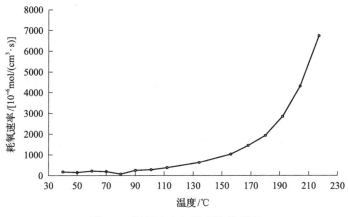

图 4-9　耗氧速率与温度的关系图

从图 4-9 可以看出，己$_{15}$-31060 工作面实验煤样的耗氧速率随煤温变化曲线整体一致，煤样实验煤温在 100℃（临界温度）之前耗氧速率上升缓慢，这是因为煤在低温条件下，物理吸附占据主导地位，当物理吸附达到一定程度，便向化学吸附逐渐过渡；煤温在 100℃之后耗氧速率随温度上升开始快速增加，当煤温在130℃之后耗氧速率急速呈指数上升，因为化学吸附会促进煤与氧之间产生强烈的化学反应。随着煤温升高，当其化学吸附达到饱满，煤样主要发生化学反应，热解产生了大量耗氧官能团和活性基团，加快氧气消耗，并伴随工作面耗氧速率的不断加快。依据煤温的不断升高和煤样耗氧速率的变化规律，可以大致了解煤氧化所处的阶段与反应程度。

4.3　煤自燃标志性气体选择

4.3.1　标志性气体的基本特征

煤自燃早期预测预报的气体种类较多，而且没有固定统一的标准。如何选择合适的煤自燃标志性气体是自燃火灾预测预报的关键，而且所选择的标志性气体必须通过现有的技术和设备能够检测到气体浓度的变化。通常认为标志性气体应具备以下几个基本特征。

（1）灵敏性：随着煤温升高到一定温度，标志性气体也会出现，而且随着温度升高，该气体浓度呈现有规律的变化。

（2）规律性：在一定区域范围内同一煤层各煤样在热解时，出现该气体的最低温度基本相同，其生成速率的变化与煤温之间有较好的对应关系且重复性较好。煤体的温度不同，所对应的标志性气体的浓度也不相同，二者之间存在对应关系，即在某一温度下对应一个特定浓度的标志性气体，也就是说标志性气体的选择必须要有很大的规律性，伴随着温度的升高其浓度逐渐增大。

4.3.2 标志性气体的选择

在程序升温氧化实验中检测出的 CO_2、CH_4、C_2H_6 和 C_3H_8 气体不能判断出是煤体自身吸附产生的，还是因温度升高而产生的，所以一般不能把这几种气体作为煤自燃的标志性气体。

根据程序升温氧化实验结果，煤温 40℃左右时开始出现 CO 气体，随着温度不断升高，CO 浓度不断增大，所以 CO 气体可以作为煤自燃判断的标志性气体。若己$_{15}$-31060 工作面的 CO 浓度大于 4000ppm，并不断持续升高，矿井相关工作人员必须采取防灭火措施防止煤自燃现象的发生。

当煤样温度升高到 90℃左右时，程序升温氧化实验检测到 C_2H_4 气体存在，国内外研究学者一般普遍认为采空区煤温达到 70℃左右时，采空区就容易出现自燃现象，因此 C_2H_4 气体并不能作为判断煤自燃的主要标志性气体，但是可以作为判断煤自燃的辅助性气体。

4.4 己$_{15}$煤层的自燃倾向性

根据氧化动力学测试方法，可以计算出不同煤样的自燃倾向性，从而较好地表征煤低温缓慢氧化阶段的自燃特性。其计算公式如下：

$$I_{C_{O_2}} = \frac{C_{O_2} - 15.5}{15.5} \times 100 \tag{4-2}$$

$$I_{T_{cpt}} = \frac{T_{cpt} - 140}{140} \times 100 \tag{4-3}$$

$$I = \phi(\varphi_{C_{O_2}} I_{C_{O_2}} + \varphi_{T_{cpt}} I_{T_{cpt}}) - 300 \tag{4-4}$$

式中，$I_{C_{O_2}}$ 为煤样温度达到 70℃时煤样罐出气口氧气浓度指数，无量纲；C_{O_2} 为煤样温度达到 70℃时煤样罐出气口氧气浓度，%；15.5 为煤样罐出气 1:2 氧气浓度的计算因子，%；$I_{T_{cpt}}$ 为煤在程序升温条件下交叉点温度指数，无量纲；T_{cpt} 为交叉点温度，℃；140 为交叉点温度的计算因子，℃；I 为煤自燃倾向性判定指数，无量纲；ϕ 为放大因子，$\phi=40$；$\varphi_{C_{O_2}}$ 为低温氧化阶段的权数，$\varphi_{C_{O_2}}$ =0.6；$\varphi_{T_{cpt}}$ 为加速氧化阶段的权数，$\varphi_{T_{cpt}}$ =0.4；300 为修正因子。

　　基于式(4-4)可计算出煤的自燃判定指数，根据表 4-2 的煤自燃倾向性分类指标，划分自燃倾向性等级。根据气相色谱仪所测煤样罐出气口各气体的体积分数，可知己$_{15}$-31060 工作面煤样 70℃时 O_2 体积分数为 20.67%。

表 4-2　煤自燃倾向性判定标准

自燃倾向性分类	判定指数 I
容易自燃	$I<600$
自燃	$600\leqslant I\leqslant1200$
不易自燃	$I>1200$

　　交叉点温度(crossing-point temperature，CPT)，是指检测样品中心温度曲线和环境温度曲线出现交叉的温度。在程序升温氧化实验过程中，利用 Pt100 型热电偶，每 20s 对程序升温箱和煤样罐中的煤样同步进行温度采集，根据这些数据，即可得到各煤样的交叉点温度，如图 4-10 所示，由此可得平煤四矿己$_{15}$-31060 工作面煤样的交叉点温度为 198℃。

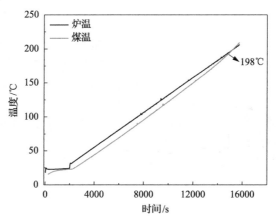

图 4-10　平煤四矿己$_{15}$-31060 工作面煤样升温氧化进程

　　由此可计算出己$_{15}$-31060 工作面煤样的自燃倾向性判定指数 I 值，见表 4-3。

表 4-3　己$_{15}$-31060 工作面煤样的自燃倾向性判定指数 I 值

煤样	70℃时 O_2 浓度/%	T_{cpt} /℃	I
己$_{15}$-31060 工作面	20.67	198	1163.4

　　结合表 4-2 可知，己$_{15}$-31060 工作面煤样的自燃倾向性判定指数为 1163.4，处于 $600\leqslant I\leqslant1200$ 的区间，可判定其自燃倾向性为自燃煤层。

4.5　工业分析实验

4.5.1　实验设备

工业分析实验通过规定的实验条件测定煤中水分、灰分、挥发分和固定碳含量，并观察评判煤的黏结性特征，其主要特点是在整个测试过程中由计算机控制自动完成，分析时间短，测试精度高。

实验使用的自动工业分析仪应包括高温炉、内置天平、试样承接和传送装置、温度测控和显示系统、炉腔气氛控制系统、结果显示和打印装置等，如图 4-11 所示。自动工业分析仪应在每次实验中，以打印或其他方式记录空坩埚质量、煤样质量、热态坩埚质量和浮力效应校正值等详细信息。煤的工业分析采用空气干燥试样，其成分质量分数在右下角用空气干燥基"ad"表示。

图 4-11　自动工业分析仪

此外还需要以下实验设备。

(1)电热干燥箱 1 台，带自动调温装置，内附鼓风机，并能维持在 105～110℃。

(2)箱形电炉，内有热电偶、高温表和调温装置能保持在 (815±10)℃。

(3)玻璃称量瓶，带有磨口盖，直径 40mm，高 25mm。

(4)灰皿(瓷船)，长方形灰皿的底面长为 45mm，宽为 22mm，高为 14mm。

(5)瓷质坩埚，坩埚较深并有盖，上口外径为 33mm，高为 40cm，底径为 18mm，坩埚总重量为 15～20g。

(6)分析天平，精确到 0.0002g。

(7)坩埚钳。

4.5.2 工业分析参数

取一定量经空气干燥过的煤粉试样，用加热分解的方法使其在不同温度下加热，使煤中的水分、挥发分依次逸出，按试样减轻的质量求出空气干燥基的水分和挥发分，然后将固定碳烧出，残余的质量即为灰分。

1. 水分

煤的水分是称取一定量的煤样，置于 105～110℃ 干燥箱中，在干燥氮气流(或空气流)中干燥到质量恒定，然后根据式(4-5)计算水分：

$$M_{ad} = \frac{m_1}{m} \times 100 \tag{4-5}$$

式中，M_{ad} 为煤样的水分，%；m_1 为煤样干燥后失去的质量，g；m 为煤样的初始质量，g。

2. 灰分

灰分是煤样在规定条件下完全燃烧后所得的残留物。灰分不是煤中的固有物质，是矿物质完全燃烧后的残留物质，根据式(4-6)计算灰分：

$$A_{ad} = \frac{m_2}{m} \times 100 \tag{4-6}$$

式中，A_{ad} 为煤样的灰分，%；m_2 为煤样灼烧后残留物的质量，g；m 为煤样的初始质量，g。

3. 挥发分

挥发分是煤样在规定条件下隔绝空气加热，高温下热解析出的气态产物(主要为煤气和焦油蒸汽)对原煤样的质量分数。与煤的灰分一样是产率，而不是含量。挥发分是反映煤本质和煤炭分类的重要指标。根据式(4-7)计算挥发分的质量分数：

$$V_{ad} = \frac{m_3}{m} \times 100 - M_{ad} \tag{4-7}$$

式中，V_{ad} 为煤样的挥发分，%；m_3 为煤样加热后减少的质量，g；m 为煤样的初始质量，g；M_{ad} 为煤样的水分，%。

4. 固定碳

煤的固定碳是指从煤中除去水分、灰分和挥发分余下的物质，是煤中有机物热解后留下的固定产物。固定碳的主要元素组成为碳，但也含有少量的氢、氧、氮和硫等元素。根据式(4-8)计算固定碳：

$$FC_{ad} = 100 - (M_{ad} + A_{ad} + V_{ad}) \tag{4-8}$$

式中，FC_{ad} 为煤样的固定碳，%；M_{ad} 为煤样的水分，%；A_{ad} 为煤样的灰分，%；V_{ad} 为煤样的挥发分，%。

4.5.3 实验内容和步骤

1. 水分的测定

(1)用预先干燥和称量过(精确至 0.0002g)的称量瓶称取粒度为 0.2mm 以下的空气干燥煤样 1g±0.1g(精确至 0.0002g)，平摊在称量瓶中。

(2)打开称量瓶盖，将称量瓶放入预先鼓风并加热到 105～110℃的干燥箱中进行干燥，在一直鼓风的条件下，烟煤干燥 1h，褐煤和无烟煤干燥 1～1.5h。

(3)干燥完毕，从干燥箱中取出称量瓶，立即加盖，在空气中冷却 2～3min 后，放入干燥箱中冷却到室温(约 20min)，称重。

(4)进行检查性干燥，每次 30min，直到连续两次干燥煤样质量的减少不超过 0.001g 或质量增加时为止。在后一种情况下，要采用质量增加前一次的质量为计算依据。水分在 2%以下时，不必进行检查性干燥。

2. 灰分测定

本实验灰分测定采用快速灰化法。

(1)启动箱形电炉，将温度设定在 850℃。

(2)在预先灼烧和称出重量(精确至 0.0001g)的灰皿中，称取粒度为 0.2mm 以下的空气干燥煤样 1g±0.1g(精确至 0.0001g)，均匀摊平在灰皿中。

(3)观察箱形电炉的温度，当温度达到 850℃时，把灰皿连同煤样分成一排或二排、三排，按顺序放至加热到 850℃的箱形电炉的炉门入口。

(4)打开炉门，将灰皿缓慢推进电炉入口处使煤样慢慢灰化，待 5～10min 后，煤样不再冒烟时，以每分钟不大于 2cm 的速度把二排、三排灰皿推入炉内炽热处。

(5)关闭炉门，重新设定箱形电炉的温度到 815℃，使煤样在 815℃±10℃的温度下，灼烧 40min。

(6)从炉中取出灰皿，先放到空气中冷却 5min，再放到干燥器中冷却到室温(约 20min)，称量。

(7)进行检查性灼烧，每次 20min，直到质量变化小于 0.001g 为止，采取最后一次测定的重量作为计算依据。灰分小于 15%的不进行检查性灼烧。如果遇到检查时结果不稳定，应改用缓慢灰化法测定。

3. 挥发分测定

(1)将箱形电炉预热到 920℃。

(2)称取粒度为 0.2mm 以下的空气干燥煤样 1g±0.1g(精确至 0.0001g)，放入已恒重的坩埚中，加盖。

(3)将坩埚放在坩埚架上，再将坩埚架连同坩埚迅速放入预先加热到 920℃的箱形电炉中并关上炉门，准确加热 7min。坩埚及架子刚放入后，炉温会有所下降，但必须在 3min 内使炉温恢复至 900℃±10℃，否则此实验作废。加热时间包括温度恢复时间。

(4)到规定时间后，从炉中取出坩埚，在空气中冷却 5～6min 后，放入干燥器中，冷却到室温(约 20min)，称量。

4.5.4　工业分析实验结果

根据上述实验方法，平顶山矿区主采煤层部分煤样工业分析实验结果见表 4-4。

表 4-4　平顶山矿区主采煤层部分煤样工业分析实验结果

煤样	水分/%	灰分/%	挥发分/%	固定碳/%
一矿丁$_5$-32140	1.72	20.98	25.78	51.52
一矿丁$_6$-32080	1.34	29.69	21.80	47.17
一矿戊$_8$-31220	0.74	15.36	29.51	54.39
十矿戊$_9$-20200	0.7	25.13	25.97	48.2
四矿己$_{15}$-31060	0.81	16.11	23.33	59.75
五矿己$_{16-17}$-23260	0.64	12.61	21.55	65.2
平煤二矿己$_{17}$-23030	1.68	18.27	26.24	53.81

4.6　己$_{15}$煤层的自然发火期

煤自然发火通常要经过潜伏期、自热期等阶段。具有自燃倾向性的煤层被开采破碎后，要经过一定的时间才会自然发火，这一时间间隔叫作煤层的自然发火期。煤层的自然发火期是煤层自燃危险性在时间上的量度，自然发火期越短的煤层，其自燃危险性越大。

4.6.1 最短自然发火期数学模型

最短自然发火期可由式(4-9)计算：

$$\tau = \sum_{i=1}^{n} \frac{(c_P^i + c_P^{i+1}) \cdot (t_{i+1} - t_i) / 2 + \Delta W_P \cdot \lambda / 100 + \Delta \mu_P \cdot Q'}{1440 \cdot [q(t_i) + q(t_{i+1})] / 2} \tag{4-9}$$

式中，τ 为煤层最短自然发火期，d；c_P^i、c_P^{i+1} 为煤在温度为 t_i、t_{i+1} 时的比热容；ΔW_P 为 t_i、t_{i+1} 温度段内煤样的水分蒸发量，%；λ 为水蒸发吸热，J/kg；Q' 为瓦斯解吸热，J/m³；$\Delta \mu_P$ 为 t_i、t_{i+1} 温度段内煤样的瓦斯解吸量，m³/kg；$q(t_i)$、$q(t_{i+1})$ 为煤样在温度为 t_i、t_{i+1} 时的放热速率，J/(kg·min)。煤样在不同温度下的瓦斯吸附量按经验公式(4-10)计算：

$$\mu_P^{t_i} = \mu_P^{t_0} \exp\left[n(t_0 - t_i) \right] \tag{4-10}$$

式中，$\mu_P^{t_0}$ 为煤样在实验室内，温度为 t_0 时的瓦斯吸附量，m³/kg；$\mu_P^{t_i}$ 为煤样在温度为 t_i 时的瓦斯吸附量，m³/kg；n 为系数，可用式(4-11)确定：

$$n = \frac{0.02}{0.993 + 0.00007P} \tag{4-11}$$

式中，P 为瓦斯压力，kPa。

煤样的放热速率按式(4-12)计算：

$$q(t) = q_a \left[n_{O_2}(t) - n_{CO}(t) - n_{CO_2}(t) \right] + n_{CO}(t) \left[h_{CO}^0(298) + \Delta h_{CO}^0 \right]$$
$$+ n_{CO_2}(t) \left[h_{CO_2}^0(298) + \Delta h_{CO_2}^0 \right]$$

$$\tag{4-12}$$

式中，q_a 为煤与氧化学吸附热，kJ/mol；$n_{O_2}(t)$ 为给定条件下的耗氧率，mol/(kg·min)；$n_{CO}(t)$ 为给定条件下的 CO 发生率，mol/(kg·min)；$n_{CO_2}(t)$ 为给定条件下的 CO_2 发生率，mol/(kg·min)；$h_{CO}^0(298)$ 为 CO 的标准生成焓，kJ/mol；$h_{CO_2}^0(298)$ 为 CO_2 的标准生成焓，kJ/mol；Δh_{CO}^0、$\Delta h_{CO_2}^0$ 为 CO、CO_2 在 1.01325×10^5Pa 压力下、温度为 t 时的焓差。

4.6.2 自然发火期的测试装置

煤自然发火期可以通过煤升温氧化实验装置进行测试，煤升温氧化实验装置示意图如图 4-12 所示。煤升温氧化实验装置由两大核心部分组成：一是装实验煤样的升温氧化加热系统，其程序升温速率由智能温度控制调节器控制，同时测温系统记录实验过程中煤温的变化；二是气体分析系统和数据处理系统，其中气体分析系统由气相色谱仪及连接部件组成，该部分主要是对煤升温氧化过程中产生的各种气体组分进行检测；数据处理系统由装有色谱数据工作站的微机系统来完成。此外还包括由高压气瓶、流量计、气流稳压阀和连接管路组成的供气系统。

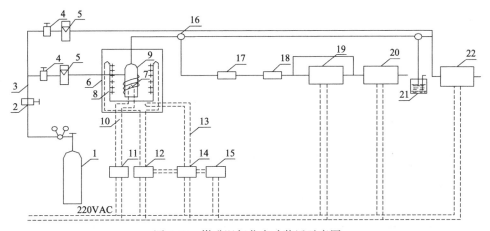

图 4-12　煤升温氧化实验装置示意图

1.气源；2,4.气流稳压阀；3.气压计；5.流量计；6.实验电炉；7.进气预热管；8.电热丝；9.煤样反应器；10.煤样热电偶；11.记录仪；12.可控硅控制器；13.炉温热电偶；14.调节记录仪；15.任意程序给定仪；16.三通控制阀；17.除湿器；18.滤尘器；19,20.气相色谱仪；21.碘淀粉仪；22.SO$_2$ 测定仪

4.6.3　自然发火期的实验条件及过程

煤升温氧化实验装置要求的实验条件为：煤样粒度＜0.1mm；煤样量 5g；通过气体为空气；流量为 100mL/min。实验过程为：首先选取粒度小于 0.1mm 的实验煤样 5g 装入氧化炉中，之后检查实验装置气路的密闭性，调节空气流量，打开控温仪，按设定程序自动控制各温度段升温速率和恒温时间。在一切工作就绪之后，即可进行升温氧化实验。注意用气相色谱仪进行气体组分分析时，分析氧气、氮气要用氢气作载气，分析一氧化碳、二氧化碳及烃类气体时要用氮气作载气。

4.6.4　自然发火期的解算

根据煤自然发火期的计算公式和升温氧化实验数据，测得绝热条件下平煤四矿己$_{15}$-31060 工作面煤样的最短自然发火期为 86.32 天，具体计算结果见表 4-5。

表 4-5 平煤四矿己$_{15}$-31060 工作面煤样最短自然发火期计算表

序号	$T(i)$/K	V_{O_2}/ (10^{-6}mol/min)	V_{CO}/ (10^{-6}mol/min)	V_{CO_2}/ (10^{-6}mol/min)	q/ [J/(kg·min)]	μ/ (m^3/kg)	W_P/ %	τ/d
1	313	0.9351	0.0119	0.0194	5.1273	7.70		25.03
2	323	0.7853	0.0122	0.0186	4.3701	6.30		16.87
3	333	1.0840	0.0206	0.0227	5.9487	5.16		7.16
4	343	0.9386	0.0218	0.0290	5.4266	4.22		9.61
5	353	0.3593	0.0102	0.0408	2.9242	3.46		7.14
6	363	1.1557	0.0400	0.0597	7.3749	2.83		4.52
7	374	1.2521	0.0540	0.0905	8.7393	2.27	6.5075 (解吸95%)	4.81
8	385	1.6218	0.0872	0.1281	11.6506	1.82	0.03425 (解吸5%)	2.87
9	407	2.5169	0.2100	0.2315	19.0901	1.17		2.70
10	429	3.8433	0.4979	0.4153	31.0717	0.76		2.20
11	441	5.1546	0.8489	0.5560	41.7339	0.60		1.14
12	453	6.5471	1.3706	0.7407	54.1811	0.47		1.06
13	465	9.0637	2.4121	1.0264	75.2006	0.37		0.73
14	477	12.6400	4.2761	1.4733	106.3226	0.29		0.28
15	490	17.5411	7.6960	2.2000	152.2875	0.22		0.21

注：$T(i)$ 为进气绝对温度；V_{O_2} 为氧气流量；V_{CO} 为一氧化碳流量；V_{CO_2} 为二氧化碳流量；q 为热量；μ 为温度 $T(i)$ 时的瓦斯吸附量；W_P 为水份定常蒸发量；τ 为最短自然发火期。

需要说明的是，实验最短自然发火期是在没有考虑散热且比较理想的条件下测得的数值，用于表明煤低温氧化放热能力的大小，以及用于初步衡量自然发火期的长短。但在实际矿井中，浮煤总存在传热和散热作用，因此计算实际自然发火期时，通常要乘以一个修正系数，该修正系数取值为 1.00～1.45，故平煤四矿己$_{15}$-31060 工作面煤样通常情况下的自然发火期为 86.32～125.16 天。

4.7 其他主采煤层的自燃关键参数

4.7.1 平煤一矿丁$_5$-32140 工作面

平煤一矿丁$_5$-32140 工作面煤样升温氧化过程中气体组分及浓度见表 4-6。

表 4-6 平煤一矿丁$_5$-32140 工作面煤样升温氧化过程中气体组分及浓度

煤样温度/℃	CH_4/ppm	C_2H_4/ppm	C_2H_6/ppm	CO_2/ppm	CO/ppm	O_2/%
30	163.9	0	75.68	1524	11.57	22.19

续表

煤样温度/℃	CH₄/ppm	C₂H₄/ppm	C₂H₆/ppm	CO₂/ppm	CO/ppm	O₂/%
40	240.2	0	77.45	1343	14.83	22.12
50	292.4	0	94.58	1362	16.15	22.12
60	328.8	0	89.86	1196	27.08	21.73
70	891.3	0	269.8	2682	105.1	19.54
80	1323	0	362.3	2307	162.1	18.42
90	1718	0	422.5	2217	207.6	19.06
100	2870	0	644.8	3107	469.5	18.25
110	3264	0	732.9	3616	644.4	17.71
120	2309	1.085	511.8	3473	677.8	16.65
130	5167	4.155	2344	6052	2176	13.11
140	2443	3.273	510.3	8450	1526	14.07
150	2894	6.906	577.6	9194	2674	12.69
160	2621	10.73	613.2	11800	3783	10.76
170	4897	30.18	1048	17240	9786	3.012

根据表 4-8 可获得碳氧化合物气体浓度与温度的关系图，如图 4-13 所示。

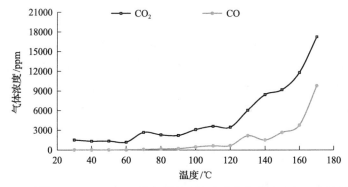

图 4-13　平煤一矿丁₅-32140 工作面煤样碳氧化合物气体浓度与温度的关系图

结合丁₅-32140 工作面 CO 气体的来源以及与煤温之间良好的对应规律，考虑到本煤层工作面正常生产时只有井下出现热异常时才会检测到 CO，且 CO 受外界条件影响小，具有很高的灵敏性，再者 CO 出现的临界温度低，因此选用 CO 作为预测煤炭早期自燃进程的标志性气体。实验过程中常温氧化与升温氧化 CO 气体首次检出时的温度见表 4-7。

根据表 4-6 可得碳氢化合物气体浓度与温度的关系图，如图 4-14 所示。

表 4-7　平煤一矿丁₅-32140 工作面煤样实验过程中常温氧化与升温氧化 CO 气体
首次检出时的温度

常温氧化 CO		升温氧化 CO	
浓度/ppm	初始温度/℃	浓度/ppm	临界温度/℃
11.57	30	105.1	70

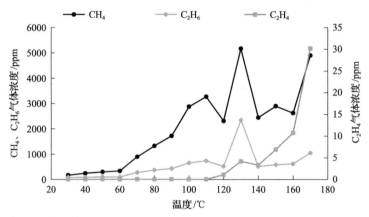

图 4-14　平煤一矿丁₅-32140 工作面煤样碳氢化合物气体浓度与温度的关系图

平煤一矿丁₅-32140 工作面煤样 C_2H_4 气体首次检出(浓度为 1.085ppm)时的温度为 120℃。

实验终止温度(170℃)时 C_2H_4 气体的产生量(30.18ppm)是 120℃时(1.085ppm)的 27.82 倍。考虑到煤层中通常不会赋存有烯烃类气体物质,也就是说环境对烯烃产生的影响较小,因此 C_2H_4 可以作为预测煤加速氧化阶段的标志性气体。所以,丁₅煤层自燃标志性气体为 CO 和 C_2H_4。

平煤一矿丁₅-32140 工作面煤样的交叉点温度为 172℃。由此可计算出丁₅-32140 工作面煤样的自燃倾向性判定指数 I 值,见表 4-8。

表 4-8　平煤一矿丁₅-32140 工作面煤样的自燃倾向性判定指数 I 值

煤样	70℃时 O_2 浓度/%	T_{cpt}/℃	I
丁₅-32140 工作面	19.54	172	691.26

通过对表 4-2 中煤自燃倾向性判定指数进行比较,丁₅-32140 工作面煤样自燃倾向性判定指数为 691.26,处于 $600 \leqslant I \leqslant 1200$ 的区间,即判定其自燃倾向性为自燃煤层。

根据煤自然发火期的计算公式和升温氧化实验数据,计算获得平煤一矿丁₅-

32140 工作面煤样的最短自然发火期为 47.59 天,具体计算结果见表 4-9。

表 4-9 平煤一矿丁$_5$-32140 工作面煤样最短自然发火期计算表

序号	$T(i)$/K	V_{O_2}/ (10^{-6}mol/min)	V_{CO}/ (10^{-6}mol/min)	V_{CO_2}/ (10^{-6}mol/min)	q/ [J/(kg·min)]	μ/ (m^3/kg)	W_P/%	τ/d
1	313	−3.8316	−0.0399	0.4929	−4.9917	9.40		18.05
2	323	−3.4910	−0.0445	0.4205	−5.3282	7.70		24.08
3	333	−3.3829	−0.0526	0.4132	−4.9871	6.30		9.07
4	343	−2.1387	−0.0406	0.3520	−0.5806	5.16		21.88
5	353	4.1527	0.0963	0.7663	41.9812	4.22		1.89
6	363	7.1305	0.2021	0.6405	53.1306	3.46		1.20
7	373	5.2140	0.1805	0.5985	42.6319	2.83	0.086 (解吸 95%)	0.68
8	385	7.1928	0.3041	0.8163	58.7848	2.32	1.634 (解吸 5%)	0.48
9	398	8.3806	0.4327	0.9252	67.8939	1.90		0.45
10	413	10.7987	0.6810	0.8660	78.1261	1.55		0.34
11	428	19.1006	1.4711	1.4717	137.6002	1.27		0.22
12	441	16.3704	1.5400	2.0051	138.6070	1.04		19.75
13	455	19.1662	2.2022	2.1301	157.1081	0.85		0.27
14	470	23.0722	3.2378	2.6707	192.7564	0.70		0.12
15	486	39.6146	6.7900	3.8138	312.4352	0.57		0.08

需要说明的是,最短自然发火期是在没有考虑散热且比较理想的条件下测得的数值,用于表明煤低温氧化放热能力的大小,以及用于初步衡量自然发火期的长短。但在实际矿井中,浮煤总存在传热和散热作用,因此计算实际自然发火期时,通常要乘以一个修正系数,该修正系数取值为 1.00~1.45,故平煤一矿丁$_5$-32140 工作面煤样通常情况下的自然发火期为 47.59~69.01 天。

4.7.2 平煤一矿丁$_6$-32080 工作面

平煤一矿丁$_6$-32080 工作面煤样升温氧化过程中气体组分及浓度见表 4-10。

结合平煤一矿丁$_6$-32080 工作面 CO 气体的来源以及与煤温之间良好的对应规律,考虑到本煤层工作面正常生产时,只有井下出现热异常时才会检测到 CO,且 CO 受外界条件影响小,具有很高的灵敏性,再者 CO 出现的临界温度低,因此选用 CO 作为预测煤炭早期自燃进程的标志性气体。实验过程中常温氧化与升温氧化 CO 气体首次检出时的温度见表 4-11。

表 4-10 平煤一矿丁$_6$-32080 工作面煤样升温氧化过程中气体组分及浓度

煤样温度/℃	CH$_4$/ppm	C$_2$H$_4$/ppm	C$_2$H$_6$/ppm	CO/ppm	CO$_2$/ppm	O$_2$/%
40	0	0	0.1072	18.95	100.6	20.55
50	0	0	0.1213	19.62	118.2	20.3
60	0.03422	0	0.1109	10.01	8.496	20.15
70	0.3402	0	0.07134	14.93	148.4	20.11
80	0.1764	0	0.1393	21.44	8.946	20.44
90	0.3311	0	0.2114	36.9	247.5	20.58
100	0.4325	0	0.4101	65.2	371.4	20.11
112	4.536	0.3163	1.151	150.7	773	19.66
125	7.368	0.6142	2.345	253.8	1168	19.52
140	12.87	1.268	4.217	404.4	1746	18.93
155	19.72	2.227	7.841	626.3	2558	18.11
168	31.18	3.829	13.88	988.8	3740	17.17
182	51	7.054	24.37	1666	5910	15.78
197	79.08	12.83	38.71	2757	9190	13.62
213	122.2	23.53	57.74	4013	14700	10.47
230	173.2	42.11	77.75	4872	22800	6.757

表 4-11 平煤一矿丁$_6$-32080 工作面煤样实验过程中常温氧化与升温氧化 CO 气体首次检出时的温度

常温氧化 CO		升温氧化 CO	
浓度/ppm	初始温度/℃	浓度/ppm	临界温度/℃
18.95	40	14.93	70

根据表 4-10 可得到碳氧化合物气体浓度与温度的关系图，如图 4-15 所示。

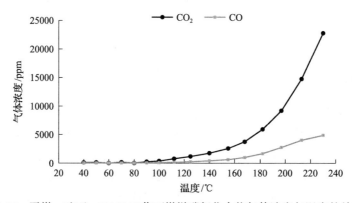

图 4-15 平煤一矿丁$_6$-32080 工作面煤样碳氧化合物气体浓度与温度的关系图

根据表 4-10 可获得碳氢化合物气体浓度与温度的关系图，如图 4-16 所示。

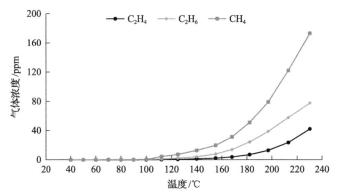

图 4-16　平煤一矿丁$_6$-32080 工作面煤样碳氢化合物气体浓度与温度的关系图

平煤一矿丁$_6$-32080 工作面煤样 C_2H_4 气体首次检出（浓度为 0.3163ppm）时的温度为 112℃。

实验终止温度（230℃）时 C_2H_4 气体的产生量（42.11ppm）是 112℃时（0.3163ppm）的 133.13 倍。考虑到煤层中通常不会赋存有烯烃类气体物质，也就是说环境对烯烃产生的影响较小，因此 C_2H_4 可以作为预测煤加速氧化阶段的标志性气体。所以，丁$_6$ 煤层自燃标志性气体选择为 CO 和 C_2H_4。

根据煤自燃倾向性判定指数公式及不同煤样 70℃时 O_2 浓度、交叉点温度，可以计算得到平煤一矿丁$_6$-32080 工作面煤样的自燃倾向性判定指数，见表 4-12。

表 4-12　平煤一矿丁$_6$-32080 工作面煤样的自燃倾向性判定指数 I 值

煤样	70℃时 O_2 浓度/%	T_{cpt}/℃	I
丁$_6$-32080 工作面	20.11	189.2	976.09

通过对表 4-2 中自燃倾向性判定指数进行比较，丁$_6$-32080 工作面煤样自燃倾向性判定指数为 976.09，处于 $600 \leqslant I \leqslant 1200$ 的区间，即判定其自燃倾向性为自燃煤层。

根据煤自然发火期的计算公式和升温氧化实验数据，测得绝热条件下平煤一矿丁$_6$-32080 工作面煤样的最短自然发火期为 57.95 天，具体计算结果见表 4-13。

表 4-13　平煤一矿丁$_6$-32080 工作面煤样最短自然发火期计算表

序号	$T(i)$/K	V_{O_2}/ $(10^{-6}$mol/min)	V_{CO}/ $(10^{-6}$mol/min)	V_{CO_2}/ $(10^{-6}$mol/min)	q/ [J/(kg·min)]	μ/ $(m^3$/kg)	W_P/%	τ/d
1	313	1.403	0.000	0.006	7.176	7.696		17.883

序号	$T(i)/K$	$V_{O_2}/$ $(10^{-6}mol/min)$	$V_{CO}/$ $(10^{-6}mol/min)$	$V_{CO_2}/$ $(10^{-6}mol/min)$	$q/$ $[J/(kg·min)]$	$\mu/$ (m^3/kg)	$W_P/\%$	τ/d
2	323	2.114	0.000	0.006	10.684	6.301		15.083
3	333	2.490	0.000	0.003	12.296	5.159		4.114
4	343	2.531	0.042	0.004	12.711	4.224		4.698
5	353	1.548	0.002	0.006	7.762	3.458		3.160
6	363	1.129	0.067	0.010	6.110	2.832		3.075
7	373	2.328	0.098	0.017	12.328	2.318	0.067 (解吸 95%)	2.666
8	385	3.396	0.197	0.038	18.612	1.824	1.273 (解吸 5%)	2.210
9	398	3.628	0.288	0.062	20.853	1.406		1.757
10	413	4.890	0.414	0.096	28.577	1.042		1.303
11	428	234.534	0.586	0.143	1155.983	0.772		0.053
12	441	450.926	0.831	0.220	2219.622	0.595		1.910
13	455	654.452	1.273	0.359	3222.915	0.450		0.021
14	470	845.625	1.916	0.575	4168.810	0.333		0.009
15	486	1024.852	2.964	0.809	5058.534	0.242		0.007

需要说明的是，最短自然发火期是在没有考虑散热且比较理想的条件下测得的数值，用于表明煤低温氧化放热能力的大小，以及用于初步衡量自然发火期的长短。但在实际矿井中，浮煤总存在传热和散热作用，因此计算实际自然发火期时，通常要乘以一个修正系数，该修正系数取值为 1.00～1.45，故平煤一矿丁$_6$-32080工作面煤样通常情况下的自然发火期为 57.95～84.03 天。

4.7.3 平煤一矿戊$_8$-31220 工作面

平煤一矿戊$_8$-31220 工作面煤样升温氧化过程中气体组分及浓度见表4-14。

表 4-14 平煤一矿戊$_8$-31220 工作面煤样升温氧化过程中气体组分及浓度

煤样温度/℃	CH_4/ppm	C_2H_4/ppm	C_2H_6/ppm	CO/ppm	CO_2/ppm	O_2/%
40	0	0	0	0.6046	5.136	21.06
50	0	0	0	9.059	18.64	20.38
60	0	0	0	11.79	35.02	21.04
70	0.1155	0	0.1302	18.13	64.86	21.13
81	0.5787	0	0.311	26.45	105.4	20.92
91	1.173	0.104	0.4609	41.19	161	20.92
103	2.457	0.1681	1.177	65.09	249.9	20.85
114	4.93	0.3249	1.573	110	403	20.64

煤样温度/℃	CH_4/ppm	C_2H_4/ppm	C_2H_6/ppm	CO/ppm	CO_2/ppm	O_2/%
127	11.07	0.5952	3.897	195.8	669.6	26.27
142	22.27	1.287	7.413	356.5	1261	20.02
155	36.32	2.292	12.24	570.6	1966	19.27
168	58.92	4.272	21.92	935.2	3113	18.22
183	98.48	8.835	45.212	1676	5255	16.29
201	177.2	19.9	78.66	3186	9685	12.61
229	360.3	52.2	166	4533	19900	5.79

根据表 4-13 可得到碳氧化合物气体浓度与温度的关系图，如图 4-17 所示。

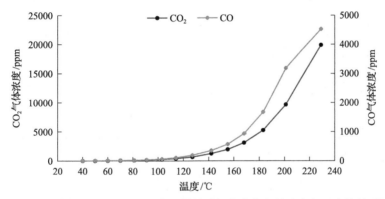

图 4-17　平煤一矿戊 $_8$-31220 工作面煤样碳氧化合物气体浓度与温度的关系图

实验过程中常温氧化与升温氧化 CO 气体首次检出时的温度见表 4-15。

表 4-15　平煤一矿戊 $_8$-31220 工作面煤样实验过程中常温氧化与升温氧化 CO 气体首次检出时的温度

常温氧化 CO		升温氧化 CO	
浓度/ppm	初始温度/℃	浓度/ppm	临界温度/℃
0.6	40	11.79	60

根据表 4-14 可得到碳氢化合物气体浓度与温度的关系图，如图 4-18 所示。

平煤一矿戊 $_8$-31220 工作面煤样 C_2H_4 气体首次检出（浓度为 0.104ppm）时的温度为 91℃。

实验终止温度（229℃）时 C_2H_4 气体的产生量（52.2ppm）是 142℃时（1.29ppm）的 40.56 倍。考虑到煤层中通常不会赋存有烯烃类气体物质，也就是说环境对烯烃产生的影响较小，因此 C_2H_4 可以作为预测煤加速氧化阶段的标志性气体。与前述分析类似，戊$_8$煤层自燃标志性气体选择为 CO 和 C_2H_4。

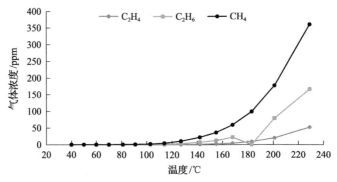

图 4-18　平煤一矿戊$_8$-31220 工作面煤样碳氢化合物气体浓度与温度的关系图

根据煤自燃倾向性判定指数公式及不同煤样 70℃时 O_2 浓度、交叉点温度，可计算得出平煤一矿戊$_8$-31220 工作面煤样的自燃倾向性判定指数，见表 4-16。

表 4-16　平煤一矿戊$_8$-31220 工作面煤样的自燃倾向性判定指数 I 值

煤样	70℃时 O_2 浓度/%	T_{cpt}/℃	I
戊$_8$-31220	21.03	203.5	1281.97

平煤一矿戊$_8$-31220 工作面煤样自燃倾向性判定指数为 1281.97，通过对表 4-2 中自燃倾向性判定指数进行比较，可认定其自燃倾向性为不易自燃煤层。

根据煤自然发火期的计算公式和升温氧化实验数据，测得绝热条件下平煤一矿戊$_8$-31220 工作面煤样的最短自然发火期为 74.32 天，具体计算结果见表 4-17。

表 4-17　平煤一矿戊$_8$-31220 工作面煤样最短自然发火期计算表

序号	$T(i)$/K	V_{O_2}/ (10^{-6}mol/min)	V_{CO}/ (10^{-6}mol/min)	V_{CO_2}/ (10^{-6}mol/min)	q/ $[\text{J}/(\text{kg}\cdot\text{min})]$	μ/ (m^3/kg)	W_p/%	τ/d
1	323	1.8727	0.0027	0.0057	9.3465	6.30		17.24
2	333	-0.1172	0.0035	0.0103	-0.2701	5.16		70.12
3	343	-0.3698	0.0052	0.0185	-1.2690	4.22		13.12
4	354	0.2205	0.0073	0.0292	1.9327	3.39		39.85
5	364	0.2144	0.0111	0.0433	2.3195	2.78		57.63
6	376	0.3892	0.0170	0.0651	3.8182	2.18		10.11
7	387	0.9075	0.0279	0.1021	7.4516	1.75	0.063 (解吸 95%)	5.79
8	400	-12.8537	0.0480	0.1641	-58.1298	1.35	1.147 (解吸 5%)	-1.02

序号	$T(i)$/K	V_{O_2}/ (10^{-6}mol/min)	V_{CO}/ (10^{-6}mol/min)	V_{CO_2}/ (10^{-6}mol/min)	q/ [J/(kg·min)]	μ/ (m^3/kg)	W_P/%	τ/d
9	415	2.3038	0.0842	0.2978	20.1027	1.00		2.21
10	428	3.9435	0.1307	0.4502	32.6856	0.77		−2.29
11	441	6.1501	0.2078	0.6918	50.7374	0.60		0.74
12	456	10.0770	0.3602	1.1294	83.1703	0.44		0.47
13	474	17.2687	0.6587	2.0024	144.7499	0.31		0.32
14	502	29.5598	0.8849	3.8849	260.0452	0.18		0.25

　　需要说明的是，最短自然发火期是在没有考虑散热且比较理想的条件下测得的数值，用于表明煤低温氧化放热能力的大小，以及用于初步衡量自然发火期的长短。但在实际矿井中，浮煤总存在传热和散热作用，因此计算实际自然发火期时，通常要乘以一个修正系数，该修正系数取值为 1.00～1.45，故平煤一矿戊$_8$-31220工作面煤样通常情况下的自然发火期为 74.32～107.76 天。

4.7.4　平煤十矿戊$_9$-20200 工作面

　　平煤十矿戊$_9$-20200 工作面煤样升温氧化过程中气体组分及浓度见表 4-18。

表 4-18　平煤十矿戊$_9$-20200 工作面煤样升温氧化过程中气体组分及浓度

煤样温度/℃	CH_4/ppm	C_2H_4/ppm	C_2H_6/ppm	CO_2/ppm	CO/ppm	O_2/%
30	195.1	0	3.38	789	12.52	21.03
40	303.1	0	11.81	1865	13.83	20.72
50	379.2	0	12.97	1553	9.684	20.39
60	551.6	0	14.83	2078	34.08	20.08
70	763.7	0	16.02	2396	72.85	19.91
80	901.1	0	24.46	3325	99.6	19.61
90	1531	0	28.67	3355	221.9	19.78
100	2119	0	39.16	4053	369.7	19.59
110	2797	0	55.36	4994	614.1	18.45
120	3336	1.375	69.03	6029	903.5	17.1
130	4227	3.024	108.9	7896	1565	15.95
140	5030	5.695	153.4	12070	2449	13.31
150	5771	11.07	218.7	16180	3905	10.38
160	6383	18.88	295.2	20760	5949	7.006
170	6499	28.38	360	24560	8165	4.21

　　根据表 4-18 可得碳氧化合物气体浓度与温度的关系图，如图 4-19 所示。

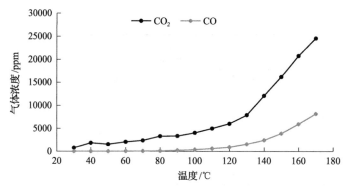

图 4-19　平煤十矿戊$_9$-20200 工作面煤样碳氧化合物气体浓度与温度的关系图

结合平煤十矿戊$_9$-20200 工作面 CO 气体的来源以及与煤温之间良好的对应规律，考虑到本煤层工作面正常生产时，只有井下出现热异常时才会检测到 CO，且 CO 受外界条件影响小，具有很高的灵敏性，再者 CO 出现的临界温度低，因此选用 CO 作为预测煤炭早期自燃进程的标志性气体。实验过程中常温氧化与升温氧化 CO 气体首次检出时的温度见表 4-19。

表 4-19　平煤十矿戊$_9$-20200 工作面煤样实验过程中常温氧化与升温氧化 CO 气体首次检出时的温度

常温氧化 CO		升温氧化 CO	
浓度/ppm	初始温度/℃	浓度/ppm	临界温度/℃
12.52	30	34.08	60

根据表 4-18 可获得碳氢化合物气体浓度与温度的关系图，如图 4-20 所示。

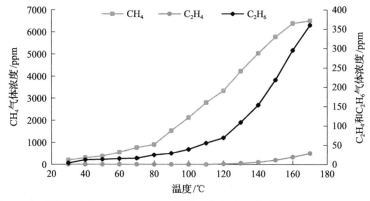

图 4-20　平煤十矿戊$_9$-20200 工作面煤样碳氢化合物气体浓度与温度的关系图

平煤十矿戊$_9$-20200 工作面煤样 C_2H_4 气体首次检出(浓度为 1.375ppm)时的温度为 120℃。

实验终止温度（170℃）时 C_2H_4 气体的产生量（28.38ppm）是 120℃时（1.375ppm）的 20.64 倍。考虑到煤层中通常不会赋存有烯烃类气体物质，也就是说环境对烯烃产生的影响较小，因此 C_2H_4 可以作为预测煤加速氧化阶段的标志性气体。所以，戊 9 煤层自燃标志性气体为 CO 和 C_2H_4。

根据煤自燃倾向性判定指数公式可计算出平煤十矿戊 9-20200 工作面煤样的自然倾向性判定指数，见表 4-20。

表 4-20　平煤十矿戊 9-20200 工作面煤样的自燃倾向性判定指数 I 值

煤样	70℃时 O_2 浓度/%	T_{cpt}/℃	I
戊 9-20200 工作面	19.91	184	885.70

通过对表 4-2 中自燃倾向性判定指数进行比较，戊 9-20200 工作面煤样自燃倾向性判定指数为 885.70，处于 $600 \leqslant I \leqslant 1200$ 的区间，判定其自燃倾向性为自燃煤层。

根据煤自然发火期的计算公式和升温氧化实验数据，计算获得平煤十矿戊 9-20200 工作面煤样的最短自然发火期为 49.74 天，具体计算结果见表 4-21。

表 4-21　平煤十矿戊 9-20200 工作面煤样最短自然发火期计算表

序号	$T(i)$/K	V_{O_2}/ $(10^{-6}mol/min)$	V_{CO}/ $(10^{-6}mol/min)$	V_{CO_2}/ $(10^{-6}mol/min)$	q/ $[J/(kg \cdot min)]$	μ/ (m^3/kg)	W_P/%	τ/d
1	303	−0.0966	−0.0010	0.2552	6.6716	9.40		13.51
2	313	0.8727	0.0111	0.5839	20.6227	7.70		6.22
3	323	1.8425	0.0287	0.4712	22.2310	6.30		3.41
4	333	2.6954	0.0512	0.6115	30.3900	5.16		5.53
5	343	3.1003	0.0719	0.6846	34.4910	4.22		1.23
6	353	3.8416	0.1089	0.9231	44.8766	3.46		0.84
7	363	3.2789	0.1135	0.9058	41.8075	2.83		0.76
8	373	3.6880	0.1559	1.0649	48.4910	2.32	0.3425 （解吸 95%）	0.57
9	383	6.4956	0.3354	1.2778	68.5620	1.90		0.45
10	393	9.6816	0.6105	1.5034	90.8976	1.55	6.5075 （解吸 5%）	0.34
11	403	12.2254	0.9416	1.9201	115.9037	1.27		0.24
12	413	18.1657	1.7089	2.8641	172.7126	1.04		16.24
13	423	24.4940	2.8143	3.7486	230.3768	0.85		0.23
14	433	31.5304	4.4248	4.6986	293.9836	0.70		0.09
15	443	36.9763	6.3378	5.4331	343.8344	0.57		0.07

需要说明的是，最短自然发火期是在没有考虑散热且比较理想的条件下测得的数值，用于表明煤低温氧化放热能力的大小，以及用于初步衡量自然发火期的长短。但在实际矿井中，浮煤总存在传热和散热作用，因此计算实际自然发火期时，通常要乘以一个修正系数，该修正系数取值为 1.00~1.45，故平煤十矿戊$_9$-20200 工作面煤样通常情况下的自然发火期为 49.74~72.12 天。

4.7.5　平煤五矿己$_{16,17}$-23260 工作面

平煤五矿己$_{16,17}$-23260 工作面煤样升温氧化过程中气体组分及浓度见表 4-22。

表 4-22　平煤五矿己$_{16,17}$-23260 工作面煤样升温氧化过程中气体组分及浓度

煤样温度/℃	CH_4/ppm	C_2H_4/ppm	C_2H_6/ppm	CO_2/ppm	CO/ppm	O_2/%
30	14140	0	10.46	1287	28.58	21.38
40	14580	0	19.67	1317	31.42	21.33
50	15370	0	19.06	1677	11.33	20.79
60	17740	0	22.79	1968	27.08	20.76
70	18970	0	28.02	2030	59.7	20.41
80	20010	0	32.55	2343	106.9	19.76
90	23040	0	37.05	2712	189.4	19.27
100	27040	0	40.4	3225	307.1	18.59
110	29950	0	50.76	3599	474.4	17.75
120	36300	1.602	68.48	4834	863.5	16.37
130	38400	2.483	76.29	6037	1313	15.18
140	39090	4.817	114.7	8493	2279	12.51
150	40770	8.445	128.3	10410	3065	10.89
160	39980	13.66	153.6	12970	4433	8.764
170	43290	23.29	206.6	19000	6879	6.167

根据表 4-22 可得碳氧化合物气体浓度与温度的关系图，如图 4-21 所示。

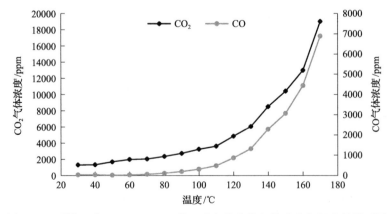

图 4-21　平煤五矿己$_{16,17}$-23260 工作面碳氧化合物气体浓度与温度的关系图

结合平煤五矿己$_{16,17}$-23260 工作面 CO 气体的来源以及与煤温之间良好的对应规律，考虑到本煤层工作面正常生产时，只有井下出现热异常时才会检测到 CO，且 CO 受外界条件影响小，具有很高的灵敏性，再者 CO 出现的临界温度低，因此选用 CO 作为预测煤炭早期自燃进程的标志性气体。实验过程中常温氧化与升温氧化 CO 气体首次检出时的温度见表 4-23。

表 4-23　平煤五矿己$_{16,17}$-23260 工作面煤样实验过程中常温氧化与升温氧化 CO 气体首次检出时的温度

常温氧化 CO		升温氧化 CO	
浓度/ppm	初始温度/℃	浓度/ppm	临界温度/℃
28.58	30	59.7	70

根据表 4-22 可获得碳氢化合物气体浓度与温度的关系图，如图 4-22 所示。

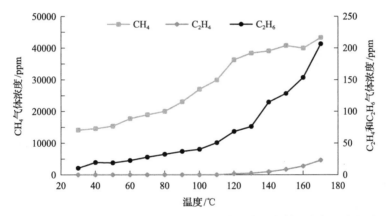

图 4-22　平煤五矿己$_{16,17}$-23260 工作面煤样碳氢化合物气体浓度与温度的关系图

实验终止温度（170℃）时 C_2H_4 气体的产生量（23.29ppm）是 120℃时（1.602ppm）的 14.54 倍。考虑到煤层中通常不会赋存有烯烃类气体物质，也就是说环境对烯烃产生的影响较小，因此 C_2H_4 可以作为预测煤加速氧化阶段的标志性气体。

平煤五矿己$_{16,17}$-23260 工作面煤样 C_2H_4 气体首次检出（浓度为 1.602ppm）时的温度为 120℃。

根据煤自燃倾向性判定指数公式可计算出平煤五矿己$_{16,17}$-23260 工作面煤样的自燃倾向性判定指数，见表 4-24。

表 4-24　平煤五矿己$_{16,17}$-23260 工作面煤样的自燃倾向性判定指数 I 值

煤样	70℃时 O_2 浓度/%	T_{cpt}/℃	I
己$_{16,17}$-23260 工作面	20.41	159	677.40

通过与表 4-2 中自燃倾向性判定指数进行比较，平煤五矿己$_{16,17}$-23260 工作面煤样自燃倾向性判定指数为 677.40，处于 $600 \leqslant I \leqslant 1200$ 的区间，判定其自燃倾向性为自燃煤层。

根据煤自然发火期的计算公式和升温氧化实验数据，计算获得平煤五矿己$_{16,17}$-23260 工作面煤样的最短自然发火期为 73.50 天，具体计算结果见表 4-25。

表 4-25　平煤五矿己$_{16,17}$-23260 工作面煤样最短自然发火期计算表

序号	$T(i)/K$	$V_{O_2}/$ $(10^{-6} \mathrm{mol/min})$	$V_{CO}/$ $(10^{-6} \mathrm{mol/min})$	$V_{CO_2}/$ $(10^{-6} \mathrm{mol/min})$	$q/$ $[J/(kg \cdot min)]$	$\mu/$ (m^3/kg)	$W_p/\%$	τ/d
1	303	−1.2235	−0.0128	0.4163	5.6707	9.40		15.89
2	313	−1.0286	−0.0131	0.4124	6.5325	7.70		19.64
3	323	0.6343	0.0099	0.5088	17.3662	6.30		4.28
4	333	0.7031	0.0134	0.5792	19.7117	5.16		10.76
5	343	1.6782	0.0389	0.5800	24.5717	4.22		1.67
6	353	3.4271	0.0971	0.6505	35.1963	3.46		1.15
7	363	4.6496	0.1609	0.7322	43.6026	2.83		0.85
8	373	6.3035	0.2665	0.8473	55.1081	2.32	0.3425 (解吸 95%)	0.59
9	383	8.2787	0.4274	0.9209	67.0751	1.90		0.45
10	393	11.4938	0.7248	1.2054	91.3216	1.55	6.5075 (解吸 5%)	0.32
11	403	14.0895	1.0852	1.4681	111.9828	1.27		0.25
12	413	20.0555	1.8867	2.0153	157.7730	1.04		17.18
13	423	23.3178	2.6792	2.4118	185.8484	0.85		0.27
14	433	27.5694	3.8689	2.9355	222.9832	0.70		0.11
15	443	32.6664	5.5990	4.2032	286.4702	0.57		0.08

需要说明的是，最短自然发火期是在没有考虑散热且比较理想的条件下测得的数值，用于表明煤低温氧化放热能力的大小，以及用于初步衡量自然发火期的长短。但在实际矿井中，浮煤总存在传热和散热作用，因此计算实际自然发火期时，通常要乘以一个修正系数，该修正系数取值为 1.00～1.45，故平煤五矿己$_{16,17}$-23260 工作面煤样通常情况下的自然发火期为 73.50～106.57 天。

4.7.6　平煤二矿己$_{17}$-23030 工作面

平煤二矿己$_{17}$-23030 工作面煤样升温氧化过程中气体组分及浓度见表 4-26。

表 4-26　平煤二矿己17-23030 工作面煤样升温氧化过程中气体组分及浓度

煤样温度/℃	CH4/ppm	C2H4/ppm	C2H6/ppm	CO2/ppm	CO/ppm	O2/%
30	262.4	0	24.89	1669	56.3	20.73
40	273.3	0	29.73	2206	10.04	20.19
50	344.8	0	49.63	2476	14.41	19.94
60	559.3	0	70.36	2519	98.55	19.71
70	1044	0	95.71	3123	287	19.35
80	1879	0	169.6	5147	282.9	17.66
90	2300	0	258.5	5267	169.8	16.11
100	3545	0	332.2	6515	754.1	15.83
110	4274	2.241	422.5	8110	1433	15.43
120	4815	3.196	474	9084	1864	13.98
130	5329	6.64	562.4	13080	3343	10.5
140	6030	12.02	616.2	18530	5300	6.83
150	6349	20.4	637.2	23880	7532	3.661
160	6405	34.23	677.3	30400	9965	1.677
170	6632	45.59	724.4	30840	12050	1.401

根据表 4-26 可获得碳氧化合物气体浓度与温度的关系图，如图 4-23 所示。

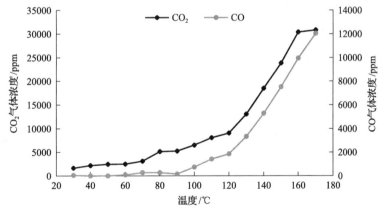

图 4-23　平煤二矿己17-23030 工作面煤样碳氧化合物气体浓度与温度的关系图

实验过程中常温氧化与升温氧化 CO 气体首次检出时的温度见表 4-27。

表 4-27　平煤二矿己17-23030 工作面煤样实验过程中常温氧化与升温氧化 CO 气体首次检出时的温度

常温氧化 CO		升温氧化 CO	
浓度/ppm	初始温度/℃	浓度/ppm	临界温度/℃
56.3	30	98.55	60

结合平煤二矿己$_{17}$-23030 工作面 CO 气体的来源以及与煤温之间良好的对应规律，考虑到本煤层工作面正常生产时，只有井下出现热异常时才会检测到 CO，且 CO 受外界条件影响小，具有很高的灵敏性，再者 CO 出现的临界温度低，因此选用 CO 作为预测煤炭早期自燃进程的标志性气体。

根据表 4-26 可获得碳氢化合物气体浓度与温度的关系图，如图 4-24 所示。

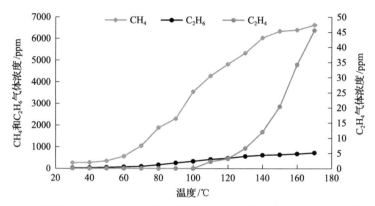

图 4-24　平煤二矿己$_{17}$-23030 工作面煤样碳氢化合物气体浓度与温度的关系图

实验终止温度（170℃）时 C_2H_4 气体的产生量（45.59ppm）是 110℃ 时（2.241ppm）的 20.34 倍。考虑到煤层中通常不会赋存有烯烃类气体物质，也就是说环境对烯烃产生的影响较小，因此 C_2H_4 可以作为预测煤加速氧化阶段的标志性气体。

平煤二矿己$_{17}$-23030 工作面煤样 C_2H_4 气体首次检出（浓度为 2.241ppm）时的温度为 110℃。

根据煤自燃倾向性判定指数公式可计算出平煤二矿己$_{17}$-23030 工作面煤样的自燃倾向性判定指数，见表 4-28。

表 4-28　平煤二矿己$_{17}$-23030 工作面煤样的自燃倾向性判定指数 I 值

煤样	70℃时 O_2 浓度/%	T_{cpt}/℃	I
己$_{17}$-23030 工作面	19.35	180	753.27

通过对表 4-2 中自燃倾向性判定指数进行比较，平煤二矿己$_{17}$-23030 工作面煤样自燃倾向性判定指数为 753.27，处于 $600 \leqslant I \leqslant 1200$ 的区间，判定其自燃倾向性为自燃煤层。

根据煤自然发火期的计算公式和升温氧化实验数据，计算获得平煤二矿己$_{17}$-23030 工作面煤样的最短自然发火期为 26.76 天，具体计算结果见表 4-29。

表 4-29　平煤二矿己$_{17}$-23030 工作面煤样最短自然发火期计算表

序号	$T(i)$/K	V_{O_2}/ (10^{-6}mol/min)	V_{CO}/ (10^{-6}mol/min)	V_{CO_2}/ (10^{-6}mol/min)	q/ [J/(kg·min)]	μ/ (m^3/kg)	W_P/%	τ/d
1	303	0.8694	0.0091	0.5398	19.4154	9.40		4.64
2	313	2.5247	0.0321	0.6907	31.6977	7.70		4.05
3	323	3.2017	0.0498	0.7512	36.7366	6.30		1.76
4	333	3.7794	0.0718	0.7413	39.4222	5.16		3.97
5	343	4.6932	0.1089	0.8923	48.3943	4.22		0.82
6	353	9.2310	0.2616	1.4289	85.7195	3.46		0.50
7	363	13.1425	0.4549	1.4219	104.5929	2.83		0.38
8	373	13.5225	0.5716	1.7117	115.3481	2.32	0.3425 (解吸 95%)	0.27
9	383	14.1884	0.7326	2.0751	129.6814	1.90		0.21
10	393	17.4269	1.0989	2.2652	151.4408	1.55	6.5075 (解吸 5%)	0.18
11	403	25.4191	1.9578	3.1807	218.1528	1.27		0.13
12	413	33.4731	3.1489	4.3969	294.1941	1.04		9.61
13	423	39.9908	4.5948	5.5325	360.7163	0.85		0.14
14	433	43.5374	6.1098	6.8804	418.8985	0.70		0.06
15	443	43.1625	7.3981	6.8224	417.5762	0.57		0.05

　　需要说明的是，最短自然发火期是在没有考虑散热且比较理想的条件下测得的数值，用于表明煤低温氧化放热能力的大小，以及用于初步衡量自然发火期的长短。但在实际矿井中，浮煤总存在传热和散热作用，因此计算实际自然发火期时，通常要乘以一个修正系数，该修正系数取值为 1.00～1.45，故平煤二矿己$_{17}$-23030 工作面煤样通常情况下的自然发火期为 26.76～38.80 天。

4.7.7　张村矿二$_1$-12020 工作面

　　张村矿二$_1$-12020 工作面煤样升温氧化过程中气体组分及浓度见表 4-30。

表 4-30　张村矿二$_1$-12020 工作面煤样升温氧化过程中气体组分及浓度

煤样温度/℃	CH_4/ppm	C_2H_4/ppm	C_2H_6/ppm	CO_2/ppm	CO/ppm	O_2/%
30	569.2	0	69.23	1719	9.794	21.44
40	686.5	0	95.18	1866	5.047	21.55
50	917.8	0	75.1	2268	17.99	21.35
60	1159	0	100.3	2711	36.62	21.17
70	1468	0	127.4	2819	73.08	20.55
80	1535	0	231.7	2971	159.8	19.31
90	2111	0	269	2978	257.3	19.17
100	2218	0	279.4	3475	397.6	18.67

煤样温度/℃	CH_4/ppm	C_2H_4/ppm	C_2H_6/ppm	CO_2/ppm	CO/ppm	O_2/%
110	2364	0	279	7984	681	17.75
120	2386	1.867	301.5	9537	1197	16.38
130	2425	3.535	326.4	10900	1913	14.5
140	2621	7.313	367.3	11090	3247	11.23
150	2737	12.97	370.2	15440	4868	8.369
160	2825	19	401.7	17820	6188	5.897
170	2918	35	397.8	24720	9077	2.939

根据表 4-30 可得碳氧化合物气体浓度与温度的关系图，如图 4-25 所示。

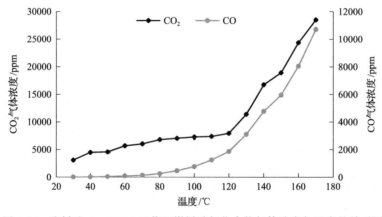

图 4-25　张村矿二$_1$-12020 工作面煤样碳氧化合物气体浓度与温度的关系图

结合张村矿二$_1$-12020 工作面 CO 气体的来源以及与煤温之间良好的对应规律，考虑到本煤层工作面正常生产时，只有井下出现热异常时才会检测到 CO，且 CO 受外界条件影响小，具有很高的灵敏性，再者 CO 出现的临界温度低，因此选用 CO 作为预测煤炭早期自燃进程的标志性气体。实验过程中常温氧化与升温氧化 CO 气体首次检出时的温度见表 4-31。

表 4-31　张村矿二$_1$-12020 工作面煤样实验过程中常温氧化与升温氧化 CO 气体首次检出时的温度

常温氧化 CO		升温氧化 CO	
浓度/ppm	初始温度/℃	浓度/ppm	临界温度/℃
10.28	30	37.79	50

根据表 4-31 可得碳氢化合物气体浓度与温度的关系图，如图 4-26 所示。

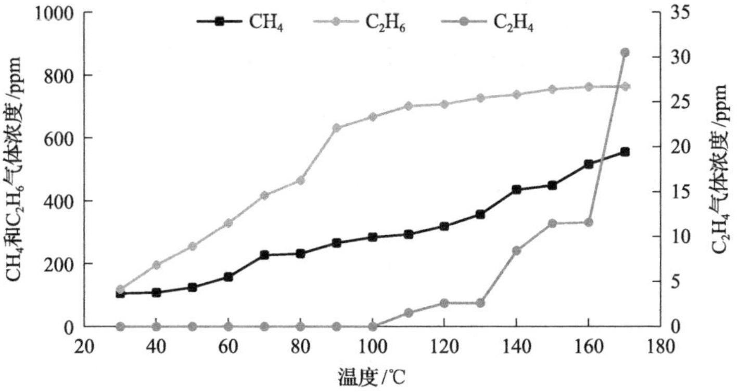

图 4-26　张村矿二$_1$-12020 工作面煤样碳氢化合物气体浓度与温度的关系图

实验终止温度（170℃）时 C_2H_4 气体的产生量（30.51ppm）是 110℃时（1.527ppm）的 19.98 倍。考虑到煤层中通常不会赋存有烯烃类气体物质，也就是说环境对烯烃产生的影响较小，因此 C_2H_4 可以作为预测煤加速氧化阶段的标志性气体。

张村矿二$_1$-12020 工作面煤样 C_2H_4 气体首次检出（浓度为 1.527ppm）时的温度为 110℃。

根据煤自燃倾向性判定指数公式可计算出张村矿二$_1$-12020 工作面煤样的自燃倾向性判定指数 I 值，见表 4-32。

表 4-32　张村矿二$_1$-12020 工作面煤样的自燃倾向性判定指数 I 值

煤样	70℃时 O_2 浓度/%	T_{cpt}/℃	I
二$_1$-12020 工作面	19.37	169	630.65

通过对表 4-2 中自燃倾向性判定指数进行比较，发现张村矿二$_1$-12020 工作面煤样自燃倾向性判定指数为 630.65，处于 $600 \leqslant I \leqslant 1200$ 的区间，判定其自燃倾向性为自燃煤层。

根据煤自然发火期的计算公式和升温氧化实验数据，计算获得张村矿二$_1$-12020 工作面煤样的最短自然发火期为 23.42 天，具体计算结果见表 4-33。

需要说明的是，最短自然发火期是在没有考虑散热且比较理想的条件下测得的数值，用于表明煤低温氧化放热能力的大小，以及用于初步衡量自然发火期的长短。但在实际矿井中，浮煤总存在传热和散热作用，因此计算实际自然发火期时，通常要乘以一个修正系数，该修正系数取值为 1.00～1.45，故张村矿二$_1$-12020 工作面煤样通常情况下的自然发火期为 23.42～33.96 天。

表 4-33 张村矿二$_1$-12020 工作面煤样最短自然发火期计算表

序号	$T(i)/K$	$V_{O_2}/$ (10^{-6}mol/min)	$V_{CO}/$ (10^{-6}mol/min)	$V_{CO_2}/$ (10^{-6}mol/min)	$q/$ $[\text{J}/(\text{kg}\cdot\text{min})]$	$\mu/$ (m^3/kg)	$W_P/\%$	τ/d
1	303	0.2254	0.0023	1.0001	29.0503	9.40		3.10
2	313	1.7143	0.0218	1.4014	47.6052	7.70		2.70
3	323	1.7821	0.0277	1.3863	47.5878	6.30		1.29
4	333	2.8712	0.0545	1.6695	60.9697	5.16		2.60
5	343	4.6363	0.1076	1.7194	71.1354	4.22		0.59
6	353	5.3893	0.1527	1.8864	79.7180	3.46		0.45
7	363	5.9128	0.2046	1.9017	83.0185	2.83		0.38
8	373	8.3698	0.3538	1.9124	95.7717	2.32	0.3425 (解吸 95%)	0.30
9	383	11.8449	0.6116	1.8894	112.7472	1.90		0.26
10	393	14.5224	0.9158	1.9780	129.0953	1.55	6.5075 (解吸 5%)	0.21
11	403	18.9312	1.4581	2.7673	174.4088	1.27		0.16
12	413	28.3895	2.6707	3.9722	256.6824	1.04		11.10
13	423	32.0337	3.6806	4.3810	287.4267	0.85		0.17
14	433	35.6154	4.9980	5.5088	339.1669	0.70		0.07
15	443	42.7969	7.3354	6.3047	399.7127	0.57		0.06

第 5 章　自燃煤层热特性综合分析

5.1　实验仪器与工作原理

热重分析仪(thermogravimetric analyzer)是一种利用热重法检测物质温度-质量变化关系的仪器。STA449C 型同步热分析仪(图 5-1)，主要由记录天平、加热炉、程序控温系统与记录仪等组成。记录天平是最重要的组成部分，其作用是将测量到的质量变化等信号经适当的转换器变成与质量变化等信号成比例的电信号，并能将得到的连续记录转换成其他方式如原数据的微分、积分、对数或者其他函数等，用来对实验进行多方面的热分析。

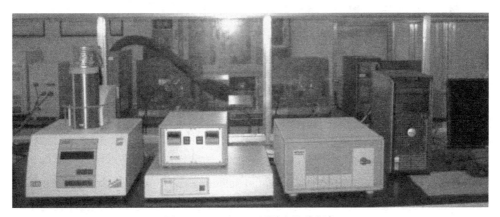

图 5-1　STA449C 型同步热分析仪

实验时煤样坩埚置于支撑架上，煤样的质量变化用扭转式微电天平来称量，当煤样因分解作用或化学反应发生质量变化时，天平梁发生偏转，梁中心的纽带同时被拉紧，光电检测元件的偏转输出变大，导致吸引线圈中的电流改变，光电元件检出后，经电子放大后反馈到安装在天平梁上的感应线圈上，使天平梁又返回原点。吸引线圈中的电流变化与煤样的质量变化成正比，由计算机自动采集数据得到热重(thermot gravimetry, TG)曲线。热重法实验得到的曲线称为 TG 曲线，TG 曲线以质量为纵坐标，从上向下表示质量减少；以温度(或时间)为横坐标，自左至右表示温度(或时间)增加。微分热重(differential TG, DTG)曲线可以通过对曲线的数学分析得到。

5.2　煤样的热重实验

热重实验的具体参数如下。

(1)吹扫气为氧气,使用压力为 0.04MPa,流速为 20mL/min。

(2)保护气为氮气,输出压力恒定为 0.04MPa,流速恒定为 20mL/min。

(3)实验煤样粒度为 80～120 目(0.125～0.175mm)。

实验过程如下。

(1)首先打开热重分析仪,使其预热稳定 3h 左右。

(2)对实验过程中升温速率、终止温度及气体流量进行设置。

(3)待仪器显示稳定后,将称取的煤样放入坩埚中。

(4)打开软件进入测试阶段,对煤样的质量、热流数据进行记录。

(5)温度升至 800℃后停止升温。

(6)待温度降至室温后,停止实验,关闭仪器。

实验初始温度为 30℃,实验终止温度为 800℃,实验升温速率分别为 5℃/min、10.0℃/min、15℃/min,实验 O_2 浓度氛围为 20%。

5.3　基于 TG/DTG 曲线的煤自燃参数分析

通过计算机记录的数据可得到 TG 曲线,然后使用 Proteus-Analysis 分析软件对 TG 曲线求微分,得到 DTG 曲线。同时,该软件有数据导出功能,将各组实验的 TG 曲线、差示扫描量热(differential scanning calorimetry, DSC)曲线和 DTG 曲线导出以后,使用 Origin 数据处理软件进行绘图,以便分析不同升温速率对 TG/DTG 曲线的影响,以及对放热量的影响。平煤四矿己$_{15}$-31060 工作面煤样的热重实验曲线如图 5-2 所示。

在 TG-DTG 曲线图上选取 6 个特征温度点,在热解初期,煤样开始受热升温,内部含有的水分逐渐蒸发,且煤样分子内能增加,煤氧之间的复合化学反应速度逐渐加快,同时消耗着煤样内吸附的 O_2,伴随释放出 CO、CO_2 等气体,煤样的脱附气量大于吸附气量,煤重减小。

观察图 5-2 可知,失水失重阶段的 TG 曲线和 DTG 曲线随着升温速率的提高向高温方向偏移(向右偏移),这是由于煤样的导热性能较差,提高升温速率产生的热滞后现象致使颗粒内外温差较大,颗粒内部的内在水分蒸发速率较低造成内在水分析出延迟。最大失重速率随着升温速率的提高呈增大趋势,这是由于升温速率的提高,煤样氛围的环境温度上升较快,致使实验煤样自身的温度较高,一方面加速煤样水分的蒸发速率，另一方面也促进煤热解反应的进行。燃烧失重阶段的 TG 曲线和 DTG 曲线随着升温速率的提高向高温方向偏移，此外燃烧失重阶段的最大燃烧速率随升温速率的提高呈增大趋势。前者是由于煤样的导热性能较差，提高升温速率就会产生明显的热滞后现象，致使煤样颗粒内外温差增大，颗粒内部温度相对较低，颗粒内部反应速率较颗粒外部反应速率小，造成挥发分析出延迟。后者是由于煤样中挥发分随升温速率的增大在煤样中停留的时间缩短，挥发分析出速率和析出量增大，与 O_2 形成的预混合可燃气体中可燃性挥发分体积分数大使得化学反应速率加快。

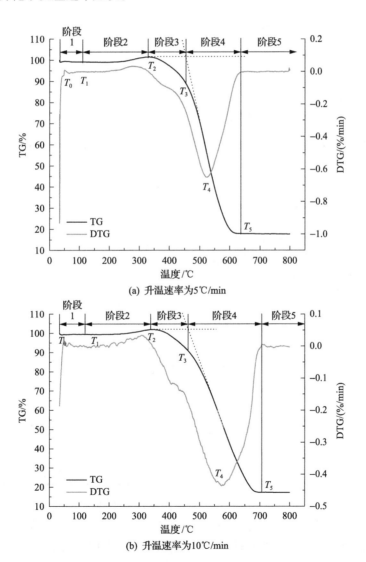

(a) 升温速率为5℃/min

(b) 升温速率为10℃/min

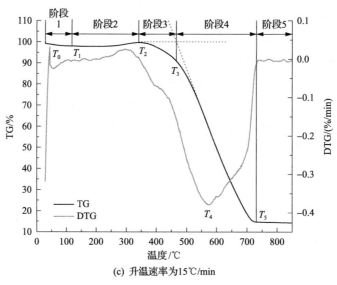

(c) 升温速率为15℃/min

图 5-2 平煤四矿己$_{15}$-31060 工作面煤样的热重实验曲线

根据以上特征温度点，将煤样从低温氧化到燃烧完成全过程分为 5 个阶段，即失水失重阶段($T_0 \sim T_1$)、吸氧增重阶段($T_1 \sim T_2$)、热解失重阶段($T_2 \sim T_3$)、燃烧失重阶段($T_3 \sim T_5$)、燃尽结束阶段($> T_5$)。各阶段的失重变化量和特征温度值见表 5-1 和表 5-2。

表 5-1 煤热解在空气氛围下不同阶段的质量变化

升温速率 /(℃/min)	阶段 1 ΔM/%	阶段 2 ΔM/%	阶段 3 ΔM/%	阶段 4 ΔM/%	残余质量 ΔM/%
5	−0.87	1.65	−10.66	−92.92	7.08
10	−0.61	1.45	−11.17	−82.12	17.88
15	−2.04	0.91	−10.7	−85.31	14.69

表 5-2 不同升温速率下的特征温度点

升温速率 /(℃/min)	TG 曲线上特征温度点/℃				
	T_1	T_2	T_3	T_4	T_5
5	110.63	330.43	454.03	524.73	636.03
10	123.70	338.60	461.40	573.70	704.60
15	125.34	340.36	466.17	576.67	730.17

分析表 5-1 可以看出，阶段 2 出现煤样质量略有增加的现象，这是因为氧的吸附量大于煤的消耗量(气体脱附和化学反应)，但是随着升温速率的增大，煤吸氧增重逐渐减小，这是因为在热解单位时间内，升温速率升高，达到活性基团活

跃的温度点会相对延迟，煤分子表面吸附氧分子的能力会相应减弱，吸氧量随之减少。阶段 3 和阶段 4 煤样的质量锐减。阶段 1 煤样质量略有减少，这是因为在这一阶段主要进行的是水分少量蒸发、气体脱附、缓慢的煤氧复合反应。

分析表 5-2 可以看出，3 种不同升温速率下，煤氧化–热解进程中特征温度（T_0、T_1、T_2、T_3、T_4、T_5）随升温速率的增大而相应增大。

5.4   基于 DSC 曲线的煤样分析

空气氛围下热重实验得到的煤样在 3 种不同升温速率下的 DSC 曲线如图 5-3 所示。由图 5-3 可以看出，在空气氛围下 DSC 曲线随温度升高呈现先上升再下降后上升至平稳的变化趋势。煤样的自燃过程是吸热和放热同时进行的过程，吸放热特性的变化直观地反映在热效应变化上，作出不同升温速率下煤样 DSC 曲线对比图，其中 T_{D1} 为最大吸热温度，T_{D2} 为初始放热温度，T_{D3} 为最大放热温度，T_{D4} 为燃尽温度。

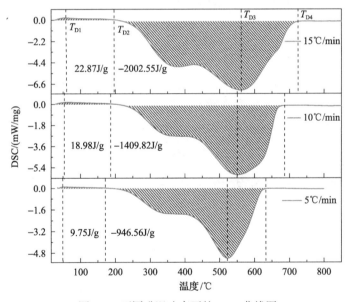

图 5-3   不同升温速率下的 DSC 曲线图

从图 5-3 可以看出，随着升温速率的改变，煤样的吸放热表现出相似的规律，放热速率、吸热量和放热量随着升温速率的增大而增大。升温速率增大促进化学反应的进行，煤样放热速率和放热量也随之增大，这会进一步促进煤的燃烧，并且各特征温度点随着升温速率的增大逐渐向高温区移动，即产生"热滞现象"，这和不同升温速率下 TG 曲线特征温度点变化规律相同。煤样 DSC 曲线在净放热阶段，均出现两个台阶且第一个台阶更趋于平缓，与上述 TG 曲线对比发现，两个台阶间的温度突变点恰好为煤的着火点，这说明煤样在着火点之后放热效应大大提高。应尽早在煤升温放热初期进行干预，温度差梯度越大，将促进煤燃烧热量释放，灭火难度大大提高。

5.5 煤氧化进程中动力学参数分析

5.5.1 活化能的计算方法

通常来说，活化能是指分子从常态转变为容易发生化学反应的活跃状态所需要的能量，是表征化学反应动力学的一个重要参数。在化学反应过程中，反应活化能的大小由反应物分子性质所决定，不同反应有不同的活化能，活化能越低，反应越容易，活化能越大，反应越困难。

为了分析各煤样燃烧阶段 $(T_3 \sim T_4)$ 的活化能大小，建立燃烧反应模型，对该阶段进行动力学参数分析。由质量作用定律，反应动力学方程可表示为

$$\frac{\mathrm{d}\alpha}{\mathrm{d}t} = kf(\alpha) \tag{5-1}$$

式中，α 为热解转化率；t 为时间；k 为速率常数；$f(\alpha)$ 为微分机理函数模型。

根据 Arrhenius 定律，速率常数 k 可表示为

$$k = A\mathrm{e}^{-\frac{E}{RT}} \tag{5-2}$$

由于煤的燃烧可以定义为一级反应，取 $f(\alpha) = 1 - \alpha$，则煤的反应速率可表示为

$$\frac{\mathrm{d}\alpha}{\mathrm{d}t} = A\mathrm{e}^{-\frac{E}{RT}} \cdot (1 - \alpha) \tag{5-3}$$

式中，T 为温度；A 为指前因子，min^{-1}；E 为活化能，$\mathrm{kJ/mol}$；R 为普适气体常数，$8.314\mathrm{J/(mol \cdot K)}$。

其中，热解转化率 α 可表示为

$$\alpha = \frac{W_0 - W_t}{W_0 - W_\infty} \tag{5-4}$$

式中，W_0 为试样初始质量；W_t 为试样 t 时刻的质量；W_∞ 为试样最终质量。

非等温过程中，温度 T 和时间 t 的关系为

$$T = T_0 + \beta t \tag{5-5}$$

式中，T_0 为室温；β 为升温速率。

结合式(5-3)～式(5-5)可推导出：

$$\frac{\mathrm{d}\alpha}{\mathrm{d}T} = \frac{A}{\beta} \mathrm{e}^{-\frac{E}{RT}} \cdot (1-\alpha) \tag{5-6}$$

对式(5-6)两边积分可得

$$\int_0^\alpha \frac{\mathrm{d}\alpha}{f(\alpha)} = \frac{A}{\beta} \int_0^T \mathrm{e}^{-\frac{E}{RT}} \mathrm{d}T \tag{5-7}$$

将式(5-5)代入式(5-7)后，对式(5-7)进行积分和整理，两边同时取对数可以得到 Coats-Redfern 方程：

$$\ln\left[\frac{-\ln(1-\alpha)}{T^2}\right] = \ln\left[\frac{AR}{\beta E}\left(1-\frac{2RT}{E}\right)\right] - \frac{E}{RT} \tag{5-8}$$

由于在热分析实验过程中，$2RT/E$ 的值远小于 1，因此可以将式(5-8)简化为

$$\ln\left[\frac{-\ln(1-\alpha)}{T^2}\right] = \ln\left[\frac{AR}{\beta E}\right] - \frac{E}{RT} \tag{5-9}$$

求解方程 $\ln[-\ln(1-\alpha)/T^2]$ 后对 $1/T$ 作图，然后利用最小二乘法进行线性回归，可以得到一条直线方程，其斜率为 $-E/R$，而截距中包含指前因子 A，并得到 $\ln[-\ln(1-\alpha)/T^2]$ 和 $1/T$ 的动力学相关性分析曲线。

5.5.2　不同升温速率下活化能计算

根据热分析实验所得 TG 数据及温度数据，计算不同升温速率下煤样燃烧阶段的活化能，如图 5-4 所示。由图 5-4 可知，R^2 都在 0.98 以上，说明反应机理函数选择正确，把煤的燃烧定义为一级反应是合理的，计算结果见表 5-3。

由表 5-3 可知，在升温速率为 5℃/min、10.0℃/min、15℃/min 情况下，煤样燃烧阶段的活化能分别为 131.04kJ/mol、113.44kJ/mol 和 82.59kJ/mol，在适当的通风蓄热条件下，容易出现明火燃烧现象，而且蓄热条件越好，升温速率越大，就越容易着火燃烧。

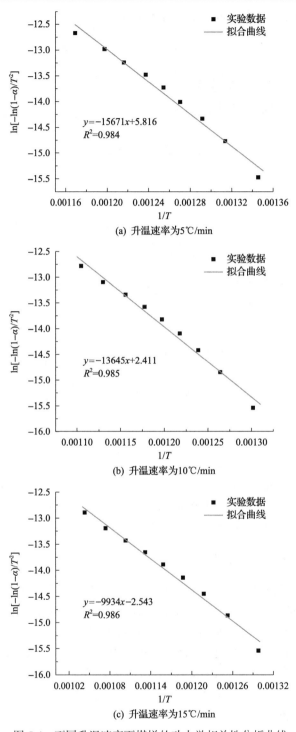

图 5-4　不同升温速率下煤样的动力学相关性分析曲线

表 5-3 不同升温速率下煤样燃烧阶段活化能及相关系数

升温速率/(℃/min)	活化能 E/(kJ/mol)	R^2
5	131.04	0.984
10	113.44	0.985
15	82.59	0.986

5.6 构造煤与原煤 TG/DSC 实验及差异性分析

5.6.1 实验仪器与实验方法

实验所用仪器为 STA449F3 型热焓分析-质谱联用系统，如图 5-5 所示，测定不同升温速率下煤样的质量增失和吸放热变化。保护气和吹扫气为高纯度氮气和高纯度氧气(纯度大于 99.99%)，坩埚称取约 10mg 制备好的 100～120 目煤样，在气体总流量为 100mL/min 的空气气氛下，设置 3 种升温速率条件，分别为 5℃/min、10℃/min 和 15℃/min，为了满足煤氧化自燃实验过程的升温需求，反应温度区间设置为 30～800℃。

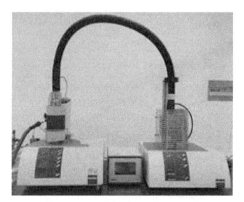

图 5-5 STA449F3 型热焓分析-质谱联用系统

5.6.2 构造煤与原煤 TG-DTG 曲线分析

1. 不同升温速率下煤样 TG-DTG 曲线分析

煤氧化自燃过程中伴随着质量的增失情况，主要反映了煤氧复合过程中中间物的生成以及各类活性基团分子相互转化的过程，TG 曲线代表升温区间内煤样质量变化的总过程，DTG 曲线代表煤样在一定温度区间内煤样质量的变化率，结合 TG-DTG 曲线可以分析三组构造煤和原煤氧化自燃全过程中的质量变化规律。图 5-6～图 5-8 为三组煤样不同升温速率下的 TG-DTG 曲线对比。

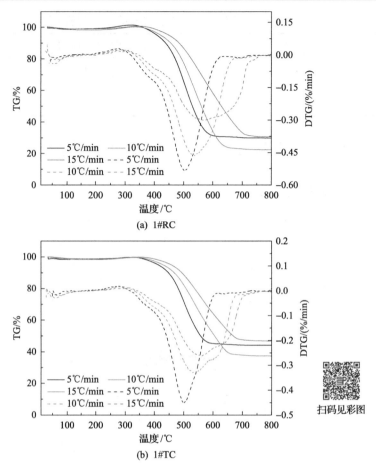

(a) 1#RC

(b) 1#TC

图 5-6 煤样 1#RC 和 1#TC 的 TG-DTG 曲线

实线为 TG 曲线；虚线为 DTG 曲线，余同

扫码见彩图

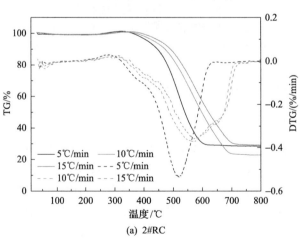

(a) 2#RC

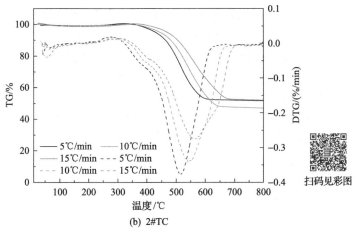

(b) 2#TC

图 5-7　煤样 2#RC 和 2#TC 的 TG-DTG 曲线

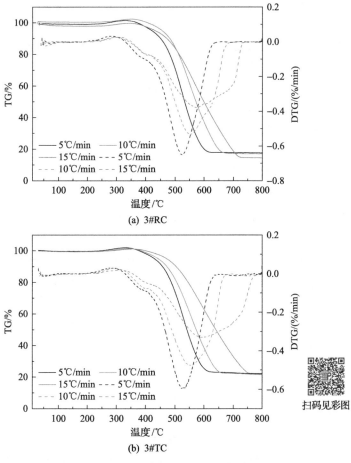

(a) 3#RC

(b) 3#TC

图 5-8　煤样 3#RC 和 3#TC 的 TG-DTG 曲线

图 5-6～图 5-8 为升温速率为 5℃/min、10℃/min 和 15℃/min 下，三组煤样的 TG-DTG 曲线对比图，对比分析可发现不同升温速率下构造煤和原煤升温过程中的质量损失变化规律相似，都经历"减少—增加—迅速减少—平衡"。各煤样的 TG-DTG 曲线随升温速率的增大而逐渐向温度升高的区域偏移，这是因为煤样导热性不好，随着温差梯度增大，坩埚与内部煤样温差增大，煤样升温延迟。从相同升温速率下的 TG 曲线可以看出热解燃烧阶段原煤质量损失量明显大于构造煤，且从 DTG 曲线可以看出原煤最大失重速率均大于构造煤，说明随着温度升高原煤质量损失速率更大。

煤氧复合过程的特征温度主要有：临界温度 T_1，煤样氧化过程中氧化速度初次加快的温度点，即 DTG 曲线上第一个质量损失速率较大的点，此温度之后，水分蒸发和气体释放速率加快，氧气消耗速率也逐渐加快。吸氧增重起始阶段温度 T_2，DTG=0 的第一个点，此温度后煤样质量开始缓慢增加，此时煤氧复合反应的中间物的生成速率大于其氧化分解的速率，同时煤分子侧链断裂速率加快，产生少量烷烃气体。煤样质量最大点温度 T_3，此温度之后煤样质量开始快速下降，随着温度升高，煤样内更多的活性分子与氧气反应，煤样分解速率加快。着火点温度 T_4，找到 DTG 曲线质量损失速率最大的点并过此点作一条与 Y 轴相平行的直线，作此直线与 TG 曲线交点的切线，同时作过 T_3 温度点的水平线，两条直线交点的对应温度就为煤样着火点温度，此温度之后煤样释放大量气体和热量。质量损失速率最大的温度 T_5，该温度下煤样质量变化幅度最大，此后质量损失速率逐渐减小。燃尽温度 T_6，此温度后各煤样 TG 曲线逐渐趋向水平，煤中的有机物质全部燃尽，仅剩不能燃烧的灰分，至此煤样燃烧过程结束。本书采用 DTG 曲线质量损失率峰值结束点温度作为煤样自燃过程结束的标志。

对比不同升温速率下原煤与构造煤特征温度变化，见表 5-4 和表 5-5。

表 5-4　不同升温速率下原煤特征温度变化

煤样	升温速率/(℃/min)	T_2/℃	T_3/℃	T_4/℃	T_5/℃	T_6/℃
1#RC	5	131.64	318.55	426.60	513.67	682.16
	10	140.34	333.42	444.52	533.36	706.29
	15	150.56	339.41	456.45	564.63	721.28
2#RC	5	141.18	320.38	441.56	520.07	695.20
	10	153.31	336.46	457.58	564.47	717.52
	15	162.45	342.36	470.21	573.81	730.41
3#RC	5	127.32	315.41	421.72	506.74	679.71
	10	133.57	328.77	439.48	525.05	690.27
	15	138.19	331.38	452.54	550.39	708.31

表 5-5　不同升温速率下构造煤特征温度变化

煤样	升温速率/(℃/min)	T_2/℃	T_3/℃	T_4/℃	T_5/℃	T_6/℃
	5	127.13	322.63	430.25	521.07	691.33
1#TC	10	133.32	336.74	450.25	538.45	726.67
	15	142.22	344.36	466.57	570.75	740.13
	5	136.56	325.42	444.63	525.40	712.28
2#TC	10	140.74	344.80	466.87	568.10	730.15
	15	152.13	354.46	473.27	578.09	739.56
	5	118.45	320.62	428.57	517.12	685.42
3#TC	10	127.15	333.02	445.46	534.65	705.27
	15	131.18	339.27	454.33	557.72	715.31

结合表 5-4 和表 5-5 可以发现，不同升温速率下同一煤样各阶段特征温度随着升温速率的增大而增大。相同升温速率下，三组煤样构造煤与原煤的特征温度表现出相似的规律，即构造煤在水分蒸发与气体脱附结束阶段的特征温度 T_2 均小于原煤，而其他特征温度却比原煤大。以升温速率 10℃/min 为例，煤样 1#TC 的特征温度 T_2 比 1#RC 小了 7.02℃，煤样 2#TC 比 2#RC 小了 12.57℃，煤样 3#TC 比 3#RC 小了 6.42℃，而构造煤特征温度 T_3、T_4、T_5 和 T_6 则比原煤高。

2. 构造煤与原煤氧化自燃全过程阶段演变

根据样品的 TG-DTG 曲线和特征温度可将构造煤和原煤氧化自燃全过程分成 5 个阶段，即水分蒸发与气体脱附失重阶段($T_0 \sim T_2$)、吸氧增重阶段($T_2 \sim T_3$)、受热分解失重阶段($T_3 \sim T_4$)、燃烧失重阶段($T_4 \sim T_6$)和燃尽阶段($>T_6$)，各阶段划分如图 5-9 所示。

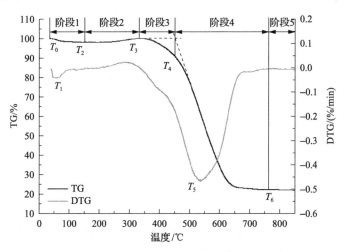

图 5-9　煤氧化自燃全过程演变(升温速率 10℃/min)

为对比分析构造煤和原煤氧化自燃全过程中各阶段的特征温度及质量变化的变化情况，此节选取升温速率为 10℃/min 重点描述，见表 5-6，其他升温速率下的规律相似，不再赘述。

表 5-6　构造煤与原煤特征温度及质量变化

煤样特征温度及质量变化	T_2	T_3	T_4	T_6
1#RC 特征温度/℃	140.34	333.42	444.52	706.29
1#RC ΔM/%	−1.65	1.9	−7.87	−68.77
1#TC 特征温度/℃	133.32	336.74	450.25	726.67
1#TC ΔM/%	−1.84	1.35	−5.84	−54.96
2#RC 特征温度/℃	153.31	336.46	457.58	717.52
2#RC ΔM/%	−1.07	1.82	−7.78	−65.77
2#TC 特征温度/℃	140.74	344.80	466.87	730.15
2#TC ΔM/%	−1.26	1.19	−5.54	−45.73
3#RC 特征温度/℃	133.57	328.77	439.48	690.27
3#RC ΔM/%	−0.4	2.8	−10.4	−74.7
3#TC 特征温度/℃	127.15	333.02	445.46	705.27
3#TC ΔM/%	−0.8	2.01	−7.92	−71.94

结合图 5-9 和表 5-6 对升温速率 10℃/min 下的构造煤与原煤氧化自燃全过程各阶段演变规律差异性进行分析。

1）水分蒸发与气体脱附失重阶段

在水分蒸发与气体脱附失重阶段，煤样孔隙内封闭的水分逐渐蒸发，被煤样吸附的 CO_2 和 CH_4 等气体大量脱附，煤样相对质量减少，失重率由小变大。随着温度升高，煤的化学吸附和化学反应加快，耗氧速率增大，开始释放少量的 CO、CO_2 等气体，当煤温增加到 T_2 时，煤样质量达到此阶段最小值。

由表 5-6 可知，丁组煤样构造煤 1#TC 在此阶段结束时特征温度 T_2 比原煤 1#RC 提前了 7.02℃，戊组煤样构造煤 2#TC 的特征温度 T_2 比原煤 2#RC 提前了 12.57℃，己组煤样构造煤 3#TC 的特征温度 T_2 比原煤 3#RC 提前了 6.42℃，这是因为构造煤总孔隙容积较大且比表面积比原煤大，"锁水"能力较弱，水分蒸发与气体脱附更容易进行。

2）吸氧增重阶段

此阶段煤氧复合反应生成的中间物速率大于其消耗速率，煤样质量逐渐增大，直至温度 T_3 煤样质量达到最大，同时煤分子内氧气夺氢速率加快，各类官能团转化生成速率加快，CO、CO_2 释放量增多，C_2H_4、C_2H_6 等气体开始少量释放，为下阶段热解反应做准备。由上述分析可知原煤在此阶段的质量增加相对量均大于构造煤，初步推断下步热解反应原煤要更剧烈。

3）受热分解失重阶段

吸氧增重阶段结束后，煤样 TG 曲线由上升趋势转为下降趋势，下降速度逐渐加快，直至到达着火点温度 T_4，这一过程称为受热分解失重阶段。煤样经历上一阶段后，大量侧链和活性官能团亟待反应，CO、CO_2 和烯烷类气体大量释放，并释放大量热量，水分蒸发和热量积聚进一步促进反应进行，较稳定的芳环结构在此阶段也开始分解参与反应。对比各煤样的着火点温度，发现各组煤样的原煤到达着火点的温度均比构造煤早，且质量损失也较构造煤大，这也验证了上述推断，原煤在受热分解失重阶段反应更剧烈。

4）燃烧失重阶段

燃烧失重阶段为着火点温度上升到燃尽温度 T_6 经历的过程。此阶段煤样质量急剧减少，煤样芳香环结构迅速氧化分解，热释放速率达到最大，煤样开始剧烈燃烧，在达到最大失重速率点 T_5 后煤体内部有机物质被大量消耗，煤样质量损失速率迅速下降，直至燃尽。此阶段煤样质量损失量达到最大，原煤质量损失和释放热量明显大于构造煤，热量大量积聚导致原煤燃烧更加剧烈。

5）燃尽阶段

煤样在经历燃烧阶段后，反应逐渐停止，煤样质量基本不再变化，残留物质多为不参与反应的灰分等物质。

5.6.3　构造煤与原煤 DSC 曲线分析

本节对不同升温速率下 DSC 曲线分析，研究构造煤和原煤的热效应释放规律，如图 5-10～图 5-12 所示，其中 T_{D1} 为最大吸热温度，T_{D2} 为初始放热温度，T_{D3} 为最大放热温度。

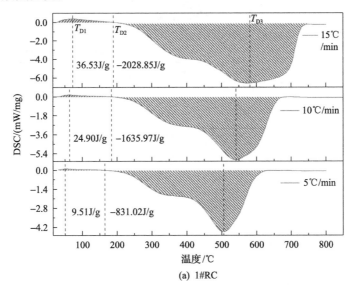

(a) 1#RC

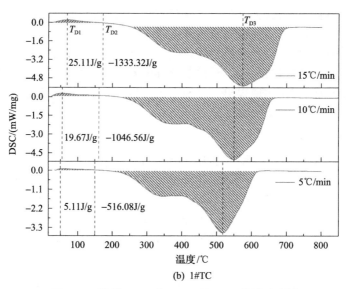

(b) 1#TC

图 5-10 煤样 1#RC 和 1#TC 的 DSC 曲线对比图

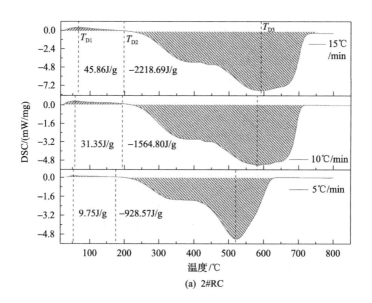

(a) 2#RC

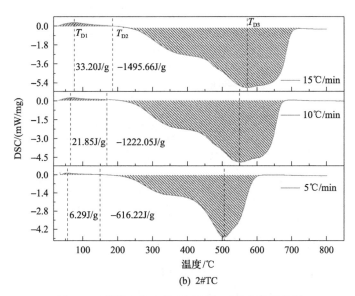

图 5-11　煤样 2#RC 和 2#TC 的 DSC 曲线对比图

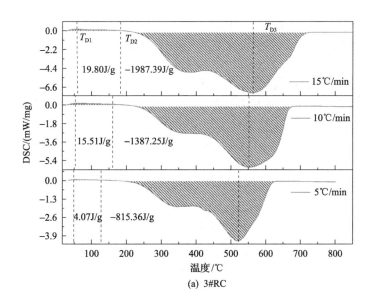

(a) 3#RC

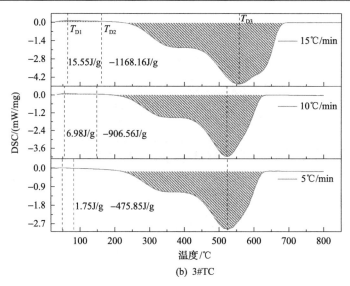

(b) 3#TC

图 5-12 煤样 3#RC 和 3#TC 的 DSC 曲线图

通过对图 5-10~图 5-12 中 DSC 曲线进行积分计算,即可得到煤氧化自燃全过程中的吸放热量。发现吸热反应阶段构造煤吸热量小于原煤,以升温速率 10℃/min 为例,对比吸热量可以发现煤样 1#TC 比 1#RC 减少了 5.23J/g,煤样 2#TC 比 2#RC 减少了 9.5J/g,煤样 3#TC 比 3#RC 减少了 8.53J/g。

对比放热反应阶段放热量可以发现,煤样 1#RC 比 1#TC 增加了 56.32%,煤样 2#RC 比 2#TC 增加了 28.04%,煤样 3#RC 比较 3#TC 增加了 53.02%,说明高温热解燃烧阶段原煤反应剧烈,大量热量积聚也会促进氧化反应的进行。

DSC 曲线特征温度表现出和 TG 曲线相似的规律,即随着升温速率增大,煤样的特征温度点逐渐向高温区偏移,产生"热滞"现象。而构造煤与原煤在同一升温速率下的 DSC 曲线,放热阶段均出现两个"台阶"且第一个"台阶"更趋于平缓,与上述 TG 曲线对比发现,两个台阶间的温度突变点恰好为煤的着火点,这说明煤样在着火点之后放热效应大大提高,短时间内大量热量积聚会促进反应快速进行。

将三组煤样不同升温速率下的吸放热量、最大吸热温度 T_{D1}、初始放热温度 T_{D2}、最大放热温度 T_{D3} 进行统计,见表 5-7。

表 5-7 构造煤与原煤热释放

升温速率 /(℃/min)	煤样	T_{D1} /℃	最大吸热速率 /[mW/(mg·min)]	总吸热量 /(J/g)	T_{D2} /℃	T_{D3} /℃	最大放热速率 /[mW/(mg·min)]	总放热量 /(J/g)
15	1#RC	72.91	0.40	36.53	190.51	580.31	6.55	2028.85
	1#TC	68.48	0.27	25.11	171.40	573.82	5.41	1333.32
	2#RC	66.21	0.37	45.86	198.71	592.51	7.90	2218.69
	2#TC	70.39	0.33	33.20	186.39	570.80	5.81	1495.66

续表

升温速率 /(℃/min)	煤样	T_{D1} /℃	最大吸热速率 /[mW/(mg·min)]	总吸热量 /(J/g)	T_{D2} /℃	T_{D3} /℃	最大放热速率 /[mW/(mg·min)]	总放热量 /(J/g)
15	3#RC	58.25	0.22	19.80	178.95	564.25	7.23	1987.39
	3#TC	61.9	0.26	15.55	161.20	557.60	4.95	1168.16
10	1#RC	60.85	0.25	24.90	169.95	540.05	5.48	1645.70
	1#TC	54.10	0.26	19.67	163.09	549.57	5.01	1046.56
	2#RC	58.07	0.30	31.35	184.97	581.47	5.20	1564.80
	2#TC	61.90	0.27	21.85	168.44	548.10	4.86	1222.05
	3#RC	53.90	0.17	15.51	162.50	550.90	6.01	1387.25
	3#TC	53.72	0.11	6.98	148.32	523.03	4.38	906.56
5	1#RC	49.70	0.12	9.51	162.50	507.78	4.51	831.02
	1#TC	51.30	0.09	5.11	149.50	516.10	3.77	624.90
	2#RC	54.72	0.11	9.75	175.30	521.17	5.19	928.57
	2#TC	53.50	0.12	6.29	150.56	505.36	3.78	616.22
	3#RC	49.16	0.09	4.07	125.76	523.23	4.24	815.36
	3#TC	48.52	0.02	1.75	85.82	522.32	2.92	475.85

由表 5-7 可知，各煤样的最大吸放热速率会因升温速率增大而增大。相同升温速率下，构造煤的最大吸热速率和最大放热速率大部分小于原煤，说明构造煤吸热速率与放热速率平衡值较小且吸热强度比放热强度减弱速度快，煤样更容易放热，而最大放热速率对应的温度在燃烧阶段，此时原煤的氧化燃烧反应比构造煤更剧烈并释放出大量热量。

初始放热温度反映了煤氧化燃烧反应过程中释放热量的难易程度，初始放热温度越低代表煤氧反应越容易释放热量，不同升温速率下构造煤与原煤的初始放热温度变化趋势如图 5-13 所示。由图 5-13 可知，构造煤与原煤初始放热温度皆随着升温速率的增大逐渐增大，但各组煤样增长趋势有明显的差异性，以升温速率 10℃/min 为例，煤样 1#RC 较 1#TC 增长了 6.86℃，煤样 2#RC 较 2#TC 增长了 16.47℃，煤样 3#RC 较 3#TC 增长了 14.18℃，除了升温速率 5℃/min 下煤样 3#TC 外，其他煤样初始放热温度均在 120℃之上，构造煤的初始放热温度均比原煤低。

5.6.4　构造煤与原煤氧化动力学参数计算

5.6.3 节从宏观曲线上分析了构造煤与原煤质量增失变化，为了进一步分析构造煤与原煤氧化燃烧机理，根据 5.5.1 节化学反应动力学参数计算过程，对 $\ln[-\ln(1-\alpha)/T^2]$ 和 $1/T$ 作图，即可得到二者之间的拟合直线，由拟合直线斜率可以计算出对应的活化能，进而作出构造煤与原煤不同升温速率下各阶段的活化能对比图，如图 5-14 ～图 5-16 所示。

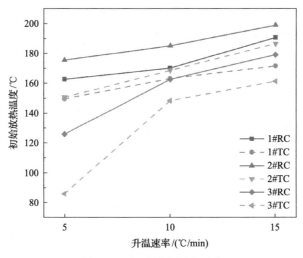

图 5-13　初始放热温度对比

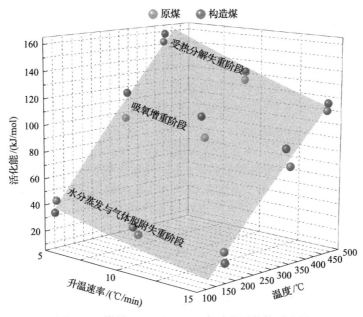

图 5-14　煤样 1#RC 和 1#TC 各阶段活化能对比图

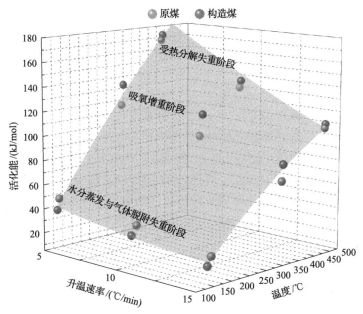

图 5-15　煤样 2#RC 和 2#TC 各阶段活化能对比图

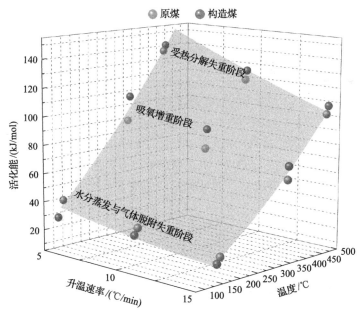

图 5-16　煤样 3#RC 和 3#TC 各阶段活化能对比图

由图 5-14～图 5-16 可知，三组煤样中构造煤与原煤在升温速率增大的情况下，原煤和构造煤三个反应阶段的活化能均减小且在受热分解失重阶段变化幅度最明显(从拟合曲面可以看出受热分解失重阶段随升温速率增大，活化能减小趋势更明显)，说明升温速率对高温区稳定分子结构活化能影响更大，煤样在升温速率 15℃/min 下，更容易参与反应，这是因为升温速率大，煤样内大量活性点位被激活，化学反应加快，反应壁垒减弱。

同一升温速率下各组构造煤与原煤的活化能变化规律相似，表 5-8 为升温速率 10℃/min 下，构造煤与原煤各阶段的活化能对比。由表 5-8 可知，在水分蒸发与气体脱附失重阶段构造煤活化能均小于原煤，煤样 1#TC 比 1#RC 减少了 24.02%，煤样 2#TC 比 2#RC 减少了 24.20%，煤样 3#TC 比 3#RC 减少了 18.07%。这是因为煤分子结构受构造力剪切作用影响，产生较多的小分子自由基团吸附在煤体孔隙内，且构造煤总孔隙容积和比表面积较原煤大，孔隙间连通性好，反应过程中与氧气接触更充分，更容易反应。

表 5-8　构造煤与原煤各阶段活化能　　　　　　(单位：kJ/mol)

煤样	水分蒸发与气体脱附失重阶段	吸氧增重阶段	受热分解失重阶段
1#RC	33.56	88.8	127.86
1#TC	27.02	105.2	134.2
2#RC	36.95	98.77	133.82
2#TC	29.75	116.31	139.12
3#RC	30.39	75.64	120.62
3#TC	25.54	89.25	126.95

在吸氧增重阶段和受热分解失重阶段构造煤活化能比原煤大，煤样 1#TC 在各阶段的活化能分别是 1#RC 的 1.18 倍和 1.05 倍，煤样 2#TC 分别是 2#RC 的 1.18 倍和 1.04 倍，煤样 3#TC 分别是 3#RC 的 1.18 倍和 1.05 倍。由第 2 章分析可知，构造煤 $n(H)/n(C)$、$n(O)/n(C)$ 比原煤低，芳香度与结构单元环缩合度比原煤大，即煤分子结构超前演化，因此构造煤需要更多的能量激活煤分子中的活性结构。

5.7　其他主采煤层的热特性分析

5.7.1　平煤一矿丁$_5$-32140 工作面

实验初始温度为 30℃，实验终止温度为 800℃左右。升温速率设定为 10℃/min，实验氛围氧气浓度为 20%。平煤一矿丁$_5$-32140 工作面煤样升温速率 10℃/min 下 TG-DTG 曲线如图 5-17 所示。

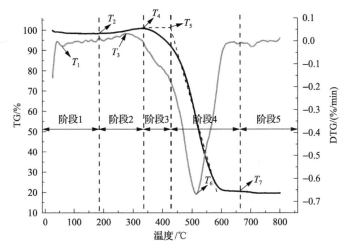

图 5-17　平煤一矿丁$_5$-32140 工作面煤样升温速率 10℃/min 下 TG-DTG 曲线

各阶段的失重变化量和特征温度见表 5-9 和表 5-10。

表 5-9　平煤一矿丁$_5$-32140 工作面煤样基于 TG 曲线的阶段划分及质量变化

升温速率 /(℃/min)	阶段 1 ΔM/%	阶段 2 ΔM/%	阶段 3 ΔM/%	阶段 4 ΔM/%	残余质量 ΔM/%
10	−1.6	0.89	−7.3	−79.3	20

表 5-10　平煤一矿丁$_5$-32140 工作面煤样自燃进程中的特征温度

升温速率 /(℃/min)	TG 曲线特征温度点/℃				DTG 曲线特征温度点/℃		
	T_2	T_4	T_5	T_7	T_1	T_3	T_6
10	183	334	426	660	62	274	510

空气氛围、升温速率 10℃/min 下的平煤一矿丁$_5$-32140 工作面煤样的 DSC 曲线如图 5-18 所示。由图 5-18 可知，DSC 曲线与温度的关系总体表现为 DSC 热焓值随温度升高呈先上升(吸热效应)后下降，之后进入一小段的平台期(过渡期)，然后再快速下降至最大放热速率点，最后再上升至平稳的变化趋势。初期因为煤中水分的蒸发表现为吸热效应，吸热过程的吸热量为 19.24J/g。吸热过程结束后表现为放热效应，放热过程的放热量为 2024.1J/g。

基于 DSC 曲线的煤氧复合过程中的特征温度，在 DSC 曲线上选取 6 个特征温度点，见表 5-11。

根据热分析实验得到 TG 数据及温度数据，计算煤样燃烧阶段的活化能 E，如图 5-19 所示，计算结果见表 5-12。

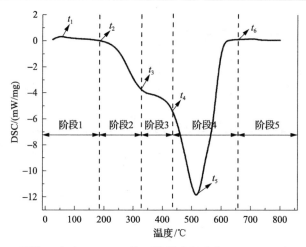

图 5-18　平煤一矿丁$_5$-32140 工作面煤样升温速率 10℃/min 下 DSC 曲线

表 5-11　平煤一矿丁$_5$-32140 工作面煤样升温速率 10℃/min 下 DSC 曲线的特征温度点

升温速率 /(℃/min)	温度点/℃					
	t_1	t_2	t_3	t_4	t_5	t_6
10	50	184	326	428	516	652

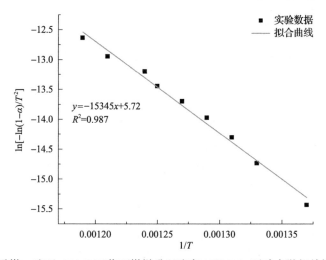

图 5-19　平煤一矿丁$_5$-32140 工作面煤样升温速率 10℃/min 下动力学相关性分析曲线

表 5-12　平煤一矿丁$_5$-32140 工作面煤样燃烧阶段活化能及相关系数

升温速率/(℃/min)	活化能 E/(kJ/mol)	R^2
10	127.58	0.987

由表 5-12 可知，平煤一矿丁$_5$-32140 工作面煤样在升温速率 10℃/min 下燃烧

阶段的活化能为 127.58kJ/mol，这表明平煤一矿丁$_5$-32140 工作面煤样在适当的通风蓄热条件下，容易出现明火燃烧现象。

5.7.2　平煤一矿丁$_6$-32080 工作面

实验升温速度分别为 5℃/min、10℃/min、15℃/min，实验氛围氧气浓度为 20%。

平煤一矿丁$_6$-32080 工作面煤样不同升温速率下 TG-DSC 曲线如图 5-20 所示。

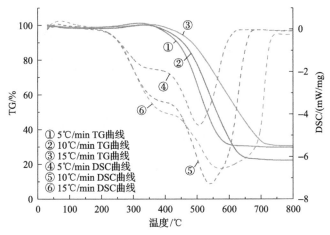

图 5-20　平煤一矿丁$_6$-32080 工作面煤样不同升温速率下 TG-DSC 曲线

平煤一矿丁$_6$-32080 工作面煤样在升温速率分别为 5℃/min、10℃/min、15℃/min 条件下 TG-DTG 曲线及阶段划分如图 5-21 所示。

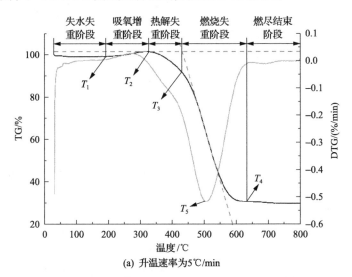

(a) 升温速率为5℃/min

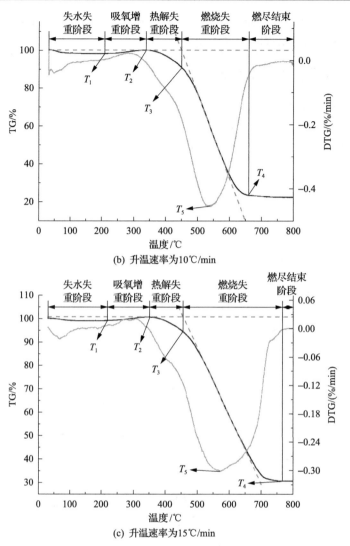

(b) 升温速率为10℃/min

(c) 升温速率为15℃/min

图 5-21　平煤一矿丁$_6$-32080 工作面煤样不同升温速率下 TG-DTG 曲线

汇总不同升温速率下各阶段质量变化、煤样特征温度点及失重速率峰值，详情见表 5-13、表 5-14。

表 5-13　平煤一矿丁$_6$-32080 工作面煤样不同升温速率下各阶段质量变化

升温速率 /(℃/min)	失水失重阶段 ΔM/%	吸氧增重阶段 ΔM/%	热解失重阶段 ΔM/%	燃烧失重阶段 ΔM/%	残余质量 ΔM/%
5	−0.91	2.28	−9.85	−60.77	29.87
10	−1.70	1.89	−9.12	−67.48	22.41
15	−0.91	1.58	−6.32	−63.58	30.73

表 5-14　平煤一矿丁₆-32080 工作面煤样不同升温速率下特征温度点及失重速率峰值

升温速率/(℃/min)	T_1/℃	T_2/℃	T_3/℃	T_4/℃	T_5/℃	失重速率峰值/(%/min)
5	192.4	326.9	430.8	633.3	502.8	−0.52
10	209.9	338.1	449.8	660.0	537.0	−0.45
15	219.1	350.9	455.5	766.6	571.3	−0.30

　　平煤一矿丁₆-32080 工作面煤样不同升温速率下 DSC-DTG 曲线如图 5-22 所示。观察发现，煤样在空气中的氧化曲线具有一个吸热阶段和一个放热阶段，不同升温速率下煤样吸放热阶段的开始和结束温度不同，且放热量有一定差异。

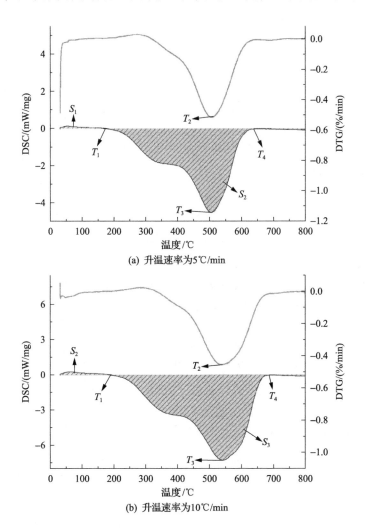

(a) 升温速率为5℃/min

(b) 升温速率为10℃/min

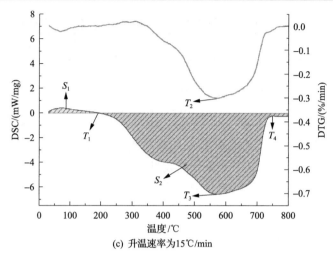

(c) 升温速率为15℃/min

图 5-22　平煤一矿丁₆-32080 工作面煤样不同升温速率下 DSC-DTG 曲线

注：S_1 为吸热量；S_2 为放热量

将不同升温速率下 DSC 曲线和 DTG 曲线的数据汇总于表 5-15。

表 5-15　平煤一矿丁$_6$-32080 工作面煤样不同升温速率下 DSC 曲线和 DTG 曲线的数据总结

升温速率/(℃/min)	T_1/℃	T_2/℃	T_3/℃	T_4/℃	S_1/(J/g)	S_2/(J/g)
5	171.7	502.8	504.5	641.1	9.56	−836.83
10	189.4	537.0	540.4	684.6	21.64	−1652.52
15	193.3	571.3	572.4	741.0	36.27	−2122.46

观察表 5-15 可以发现，升温速率的增大使煤样放热阶段延后，相较于升温速率 5℃/min 条件，升温速率增大后 T_1 温度点的延后幅度为 10.3% 和 12.6%，T_3 温度点的延后幅度为 7.1% 和 13.5%，T_4 温度点的延后幅度为 6.8% 和 15.6%，发现升温速率的增大将导致温度点延后幅度增大。煤样在吸热阶段所吸收的热量随升温速率的增大而增多，增大幅度相较于 5℃/min 条件分别为 1.26 倍和 2.79 倍。放热过程的放热量同样具有相同趋势，增大幅度分别为 0.97 倍和 1.54 倍。

根据热分析实验所得 TG 数据及温度数据，计算不同升温速率下煤样燃烧阶段的活化能 E，如图 5-23 所示。从图 5-23 可知，R^2 都在 0.99 以上，说明反应机理函数选择正确，把煤的燃烧定义为一级反应是合理的，计算结果见表 5-16。

表 5-16　平煤一矿丁$_6$-32080 工作面煤样不同升温速率下燃烧阶段活化能及相关系数

升温速率/(℃/min)	活化能 E/(kJ/mol)	R^2
5	94.123	0.998
10	65.56	0.991
15	82.46	0.999

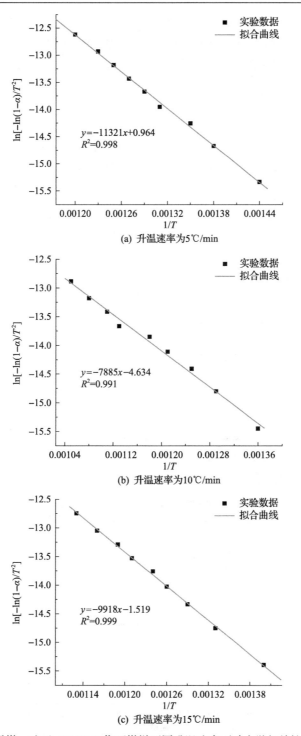

(a) 升温速率为5℃/min

(b) 升温速率为10℃/min

(c) 升温速率为15℃/min

图 5-23　平煤一矿丁$_6$-32080 工作面煤样不同升温速率下动力学相关性分析曲线

从表 5-16 可知，平煤一矿丁$_6$-32080 工作面煤样在升温速率为 5℃/min、10℃/min、15℃/min 条件下活化能分别为 94.123kJ/mol、65.56kJ/mol 和 82.46kJ/mol，这说明平煤一矿丁$_6$-32080 工作面煤样在适当的通风蓄热条件下，容易出现明火燃烧现象。

5.7.3 平煤一矿戊$_8$-31220 工作面

实验初始温度为 30℃，实验终止温度为 800℃左右。实验升温速度分别为 5℃/min、10℃/min、15℃/min，实验氛围氧气浓度为 20%。平煤一矿戊$_8$-31220 工作面煤样不同升温速率下 TG-DSC 曲线如图 5-24 所示。

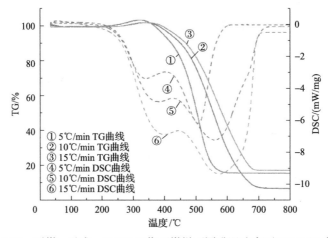

图 5-24 平煤一矿戊$_8$-31220 工作面煤样不同升温速率下 TG-DSC 曲线

平煤一矿戊$_8$-31220 工作面煤样在升温速率 5℃/min、10℃/min、15℃/min 条件下 TG-DTG 曲线及阶段划分如图 5-25 所示。

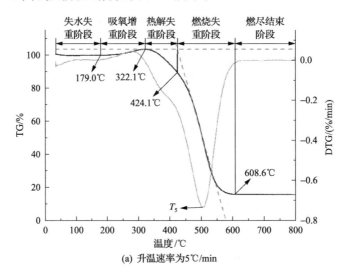

(a) 升温速率为5℃/min

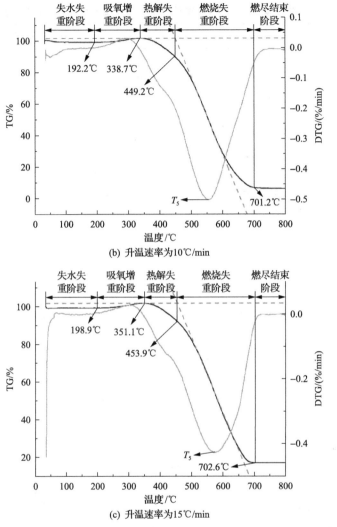

图 5-25　平煤一矿戊$_8$-31220 工作面煤样不同升温速率下 TG-DTG 曲线

汇总平煤一矿戊$_8$-31220 工作面煤样不同升温速率下各阶段质量变化、煤样特征温度点及失重速率峰值，详情见表 5-17、表 5-18。

表 5-17　平煤一矿戊$_8$-31220 工作面煤样不同升温速率下各阶段质量变化

升温速率 /(℃/min)	失水失重阶段 ΔM/%	吸氧增重阶段 ΔM/%	热解失重阶段 ΔM/%	燃烧失重阶段 ΔM/%	残余质量 ΔM/%
5	−0.24	3.65	−14.02	−73.56	15.56
10	−0.61	2.57	−11.81	−82.85	6.66
15	−0.59	2.51	−9.68	−75.00	17.15

表 5-18　平煤一矿戊₈-31220 工作面煤样不同升温速率下特征温度点及失重速率峰值

升温速率/(℃/min)	T_1/℃	T_2/℃	T_3/℃	T_4/℃	T_5/℃	失重速率峰值/(%/min)
5	179.0	322.1	424.1	608.6	503.6	−0.73
10	192.2	338.7	449.2	701.2	553.1	−0.50
15	198.9	351.1	453.9	702.6	575.7	−0.43

平煤一矿戊₈-31220 工作面煤样不同升温速率下 DSC 曲线如图 5-26 所示。

图 5-26 中数据点详情见表 5-19。观察发现，升温速率增大使煤样 DSC-DTG 曲线对应温度点延后，使曲线向高温区移动，影响煤氧化反应状态，煤样放热量也有增大趋势。相较于升温速率 5℃/min 条件下的放热量，升温速率较大的放热量的增幅分别为 0.88 倍和 1.67 倍。

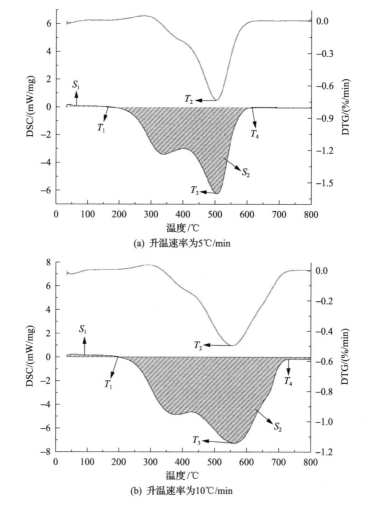

(a) 升温速率为5℃/min

(b) 升温速率为10℃/min

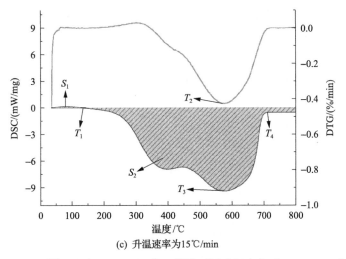

(c) 升温速率为15℃/min

图 5-26　平煤一矿戊 8-31220 工作面煤样不同升温速率下 DSC-DTG 曲线

表 5-19　平煤一矿戊 8-31220 工作面煤样不同升温速率下 DSC 曲线和 DTG 曲线数据总结

升温速率/(℃/min)	T_1/℃	T_2/℃	T_3/℃	T_4/℃	S_1/(J/g)	S_2/(J/g)
5	169.1	503.6	506.7	609.9	8.08	−1111.08
10	200.8	553.1	559.9	712.4	22.4	−2085.2
15	136.2	575.7	577.3	707.4	8.99	−2964.7

　　根据热分析实验得到 TG 数据及温度数据，计算不同升温速率下煤样燃烧阶段的活化能 E，如图 5-27 所示，计算结果见表 5-20。

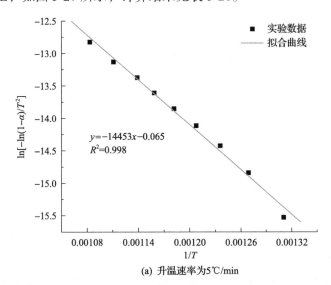

$$y=-14453x-0.065$$
$$R^2=0.998$$

(a) 升温速率为5℃/min

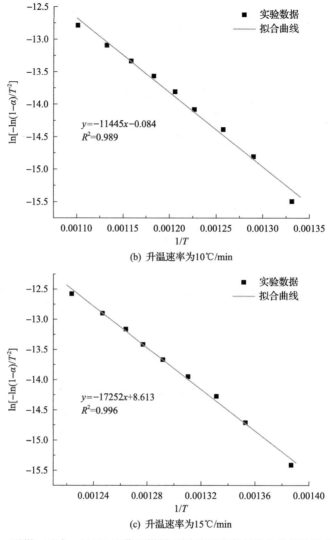

(b) 升温速率为10℃/min

(c) 升温速率为15℃/min

图 5-27　平煤一矿戊 $_8$-31220 工作面煤样不同升温速率下动力学相关性分析曲线

表 5-20　平煤一矿戊 $_8$-31220 工作面煤样不同升温速率下燃烧阶段活化能及相关系数

升温速率/(℃/min)	活化能 E/(kJ/mol)	R^2
5	120.162	0.998
10	95.153	0.989
15	143.433	0.996

　　由表 5-20 可知，平煤一矿戊 $_8$-31220 工作面煤样在升温速率 5℃/min、10.0℃/min、15℃/min 条件下的活化能分别为 120.162kJ/mol、95.153kJ/mol 和 143.433kJ/mol，

这说明平煤—矿戊$_8$-31220 工作面煤样在适当的通风蓄热条件下,容易出现明火燃烧现象。

5.7.4 平煤十矿戊$_9$-20200 工作面

实验初始温度为 30℃,实验终止温度为 800℃左右。升温速率设定为 10℃/min,实验氛围氧气浓度为 20%。平煤十矿戊$_9$-20200 工作面煤样升温速率 10℃/min 下 TG-DTG 曲线如图 5-28 所示。

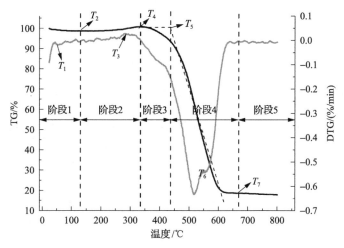

图 5-28 平煤十矿戊$_9$-20200 工作面煤样升温速率 10℃/min 下 TG-DTG 曲线

各阶段的质量变化和特征温度见表 5-21 和表 5-22。

表 5-21 平煤十矿戊$_9$-20200 工作面基于 TG 曲线的煤自燃各阶段划分及质量变化

升温速率 /(℃/min)	阶段 1 ΔM/%	阶段 2 ΔM/%	阶段 3 ΔM/%	阶段 4 ΔM/%	残余质量 ΔM/%
10	−1.3	0.8	−6.2	−81.2	18

表 5-22 平煤十矿戊$_9$-20200 工作面煤样自燃进程中的特征温度点

升温速率 /(℃/min)	TG 曲线特征温度点/℃				DTG 曲线特征温度点/℃		
	T_2	T_4	T_5	T_7	T_1	T_3	T_6
10	122	335	434	664	55	286	515

平煤十矿戊$_9$-20200 工作面煤样的 DSC 曲线如图 5-29 所示。

基于 DSC 曲线的煤氧复合过程中的特征温度点见表 5-23。

根据热分析实验得到 TG 数据及温度数据,计算实验煤样燃烧阶段的活化能 E,如图 5-30 所示,活化能计算结果见表 5-24。

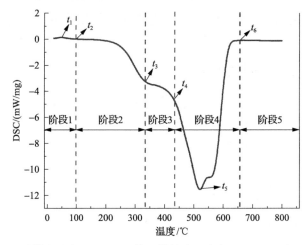

图 5-29 平煤十矿戊$_9$-20200 工作面煤样升温速率 10℃/min 下 DSC 曲线

表 5-23 平煤十矿戊$_9$-20200 工作面煤样基于 DSC 曲线的特征温度点

升温速率 /(℃/min)	特征温度点/℃					
	t_1	t_2	t_3	t_4	t_5	t_6
10	48	102	335	434	521	657

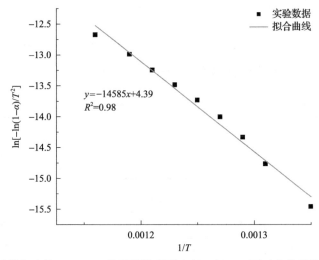

图 5-30 平煤十矿戊$_9$-20200 工作面煤样升温速率 10℃/min 下动力学相关性分析曲线

表 5-24 平煤十矿戊$_9$-20200 工作面煤样燃烧阶段活化能及相关系数

升温速率/(℃/min)	活化能 E/(kJ/mol)	R^2
10	124	0.98

由表 5-24 可知,平煤十矿戊$_9$-20200 工作面煤样在升温速率 10℃/min 下燃烧阶段的活化能为 124kJ/mol,这表明平煤十矿戊$_9$-20200 工作面煤样在适当的通风蓄热条件下,容易出现明火燃烧现象。

5.7.5　平煤五矿己$_{16,17}$-23260 工作面

实验初始温度为 30℃,实验终止温度为 850℃左右。升温速率设定为 10℃/min,实验氛围氧气浓度为 20%。平煤五矿己$_{16,17}$-23260 工作面煤样升温速率 10℃/min 下 TG-DTG 曲线如图 5-31 所示。

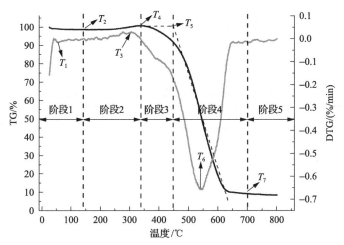

图 5-31　平煤五矿己$_{16,17}$-23260 工作面煤样升温速率 10℃/min 下 TG-DTG 曲线

各阶段的质量变化和特征温度见表 5-25 和表 5-26。

表 5-25　平煤五矿己$_{16,17}$-23260 工作面煤样基于 TG 曲线的煤自燃的阶段划分及质量变化

升温速率 /(℃/min)	阶段 1 ΔM/%	阶段 2 ΔM/%	阶段 3 ΔM/%	阶段 4 ΔM/%	残余质量 ΔM/%
10	−1.4	0.82	−8.0	−90.6	8.6

表 5-26　平煤五矿己$_{16,17}$-23260 工作面煤样自燃进程中的特征温度点

升温速率 /(℃/min)	TG 曲线特征温度点/℃				DTG 曲线特征温度点/℃		
	T_2	T_4	T_5	T_7	T_1	T_3	T_6
10	140	336	445	696	56	302	540

平煤五矿己$_{16,17}$-23260 工作面煤样的 DSC 曲线如图 5-32 所示。

基于 DSC 曲线的煤氧复合过程中的特征温度点见表 5-27。

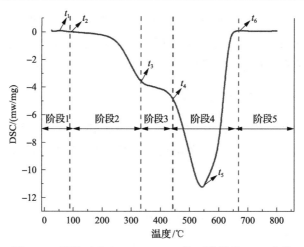

图 5-32　平煤五矿己$_{16,17}$-23260 工作面煤样的 DSC 曲线

表 5-27　平煤五矿己$_{16,17}$-23260 工作面煤样基于 DSC 曲线的特征温度点

升温速率 /(℃/min)	特征温度点/℃					
	t_1	t_2	t_3	t_4	t_5	t_6
10	52	90	335	443	544	666

　　根据热分析实验得到 TG 数据及温度数据，计算实验煤样燃烧阶段的活化能 E，如图 5-33 所示，计算结果见表 5-28。

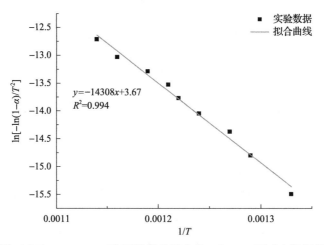

图 5-33　平煤五矿己$_{16,17}$-23260 工作面煤样升温速率 10℃/min 下动力学相关性分析曲线

表 5-28　平煤五矿己$_{16,17}$-23260 工作面煤样燃烧阶段的活化能及相关系数

升温速率/(℃/min)	活化能 E/(kJ/mol)	R^2
10	119	0.994

由表 5-28 可知，平煤五矿己$_{16,17}$-23260 工作面煤样在升温速率 10℃/min 条件下的燃烧阶段的活化能为 119kJ/mol，这说明平煤五矿己$_{16,17}$-23260 工作面煤样在适当的通风蓄热条件下，容易出现明火燃烧现象。

5.7.6　平煤二矿己$_{17}$-23030 工作面

实验初始温度为 30℃，实验终止温度为 800℃左右。升温速率设定为 10.0℃/min，实验氛围氧气浓度为 20%。平煤二矿己$_{17}$-23030 工作面煤样升温速率 10℃/min 下 TG-DTG 曲线如图 5-34 所示。

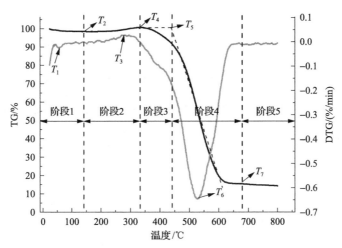

图 5-34　平煤二矿己$_{17}$-23030 工作面煤样升温速率 10℃/min 下 TG-DTG 曲线

各阶段的质量变化和特征温度点见表 5-29 和表 5-30。

表 5-29　平煤二矿己$_{17}$-23030 工作面煤样基于 TG 曲线的煤自燃的阶段划分及质量变化

升温速率/(℃/min)	阶段 1 ΔM/%	阶段 2 ΔM/%	阶段 3 ΔM/%	阶段 4 ΔM/%	残余质量 ΔM/%
10	−1.5	0.66	−8.3	−84.3	14.6

表 5-30　平煤二矿己$_{17}$-23030 工作面煤样自燃进程中的特征温度点

升温速率 /(℃/min)	TG 曲线特征温度点/℃				DTG 曲线特征温度点/℃		
	T_2	T_4	T_5	T_7	T_1	T_3	T_6
10	140	330	440	667	55	282	530

平煤二矿己$_{17}$-23030 工作面煤样的 DSC 曲线如图 5-35 所示。

基于 DSC 曲线的煤氧复合过程中的特征温度点见表 5-31。

根据热分析实验得到 TG 数据及温度数据，计算实验煤样燃烧阶段的活化能 E，如图 5-36 所示，计算结果见表 5-32。

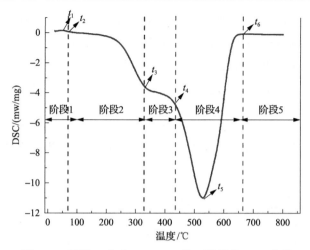

图 5-35 平煤二矿己$_{17}$-23030 工作面煤样的 DSC 曲线

表 5-31 平煤二矿己$_{17}$-23030 工作面煤样基于 DSC 曲线的特征温度点

升温速率	特征温度点/℃					
/(℃/min)	t_1	t_2	t_3	t_4	t_5	t_6
10	50	80	330	434	528	664

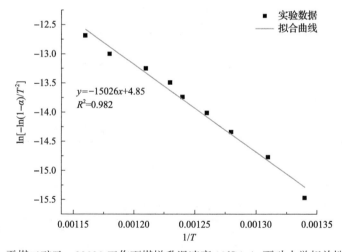

图 5-36 平煤二矿己$_{17}$-23030 工作面煤样升温速率 10℃/min 下动力学相关性分析曲线

表 5-32 平煤二矿己$_{17}$-23030 工作面煤样燃烧阶段活化能及相关系数

升温速率 /(℃/min)	活化能 E /(kJ/mol)	R^2
10	122.3	0.982

由表 5-32 可知，平煤二矿己$_{17}$-23030 工作面煤样在升温速率 10℃/min 条件下燃烧阶段的活化能为 122.3kJ/mol，这表明平煤二矿己$_{17}$-23030 工作面煤样在适当的通风蓄热条件下，容易出现明火燃烧现象。

5.7.7　庇山矿二$_1^2$-12120 工作面

实验初始温度为 30℃，实验终止温度为 900℃。升温速度为 10℃/min，实验氛围氧气浓度为 20%。庇山矿二$_1^2$-12120 工作面煤样升温速率 10℃/min 下 TG-DTG 曲线如图 5-37 所示。

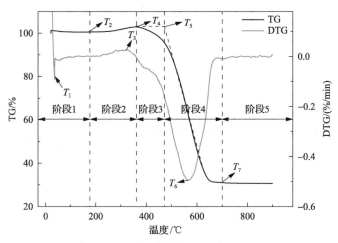

图 5-37　庇山矿二$_1^2$-12120 工作面煤样升温速率 10℃/min 下 TG-DTG 曲线

各阶段的质量变化和特征温度值见表 5-33 和表 5-34。

表 5-33　庇山矿二$_1^2$-12120 工作面煤样基于 TG 曲线的煤自燃的阶段划分及质量变化

升温速率 /(℃/min)	阶段 1 ΔM/%	阶段 2 ΔM/%	阶段 3 ΔM/%	阶段 4 ΔM/%	残余质量 ΔM/%
10	−0.58	2.28	−4.30	−68.98	30.68

表 5-34　庇山矿二$_1^2$-12120 工作面煤样自燃进程中的特征温度点

升温速率 /(℃/min)	TG 曲线特征温度点/℃				DTG 曲线特征温度点/℃		
	T_2	T_4	T_5	T_7	T_1	T_3	T_6
10	175	362	470	700	36	324	566

庇山矿二$_1^2$-12120 工作面煤样的 DSC 曲线如图 5-38 所示。

基于 DSC 曲线的特征温度点见表 5-35。

根据热分析实验得到 TG 数据及温度数据，计算实验煤样燃烧阶段的活化能

E，如图 5-39 所示，计算结果见表 5-36。

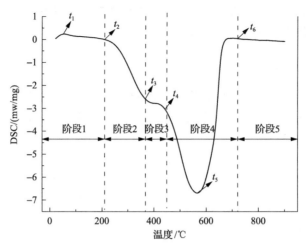

图 5-38　庇山矿二$_1^2$-12120 工作面煤样的 DSC 曲线

表 5-35　庇山矿二$_1^2$-12120 工作面煤样基于 DSC 曲线的特征温度点

升温速率 /(℃/min)	特征温度点/℃					
	t_1	t_2	t_3	t_4	t_5	t_6
10	54	206	370	448	565	722

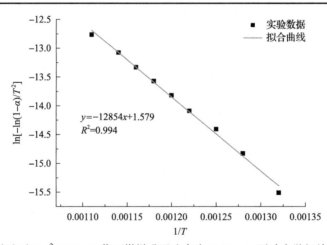

图 5-39　庇山矿二$_1^2$-12120 工作面煤样升温速率为 10℃/min 下动力学相关性分析曲线

表 5-36　庇山矿二$_1^2$-12120 工作面煤样燃烧阶段活化能及相关系数

升温速率 /(℃/min)	活化能 E /(kJ/mol)	R^2
10	106.868	0.994

　　从表 5-36 可知，庇山矿二 1^2-12120 工作面煤样在升温速率 10℃/min 条件下的活化能为 106.868kJ/mol，这说明庇山矿二 1^2-12120 工作面煤样在适当的通风蓄热条件下，容易出现明火燃烧现象。

第6章 工作面采空区煤自燃"三带"分布

采空区煤自燃的发生必须同时具备三个条件：一是煤层具有自燃倾向性且呈破碎状态堆积；二是具备连续通风供氧条件；三是具备持续的蓄热环境，且要有足够的煤氧复合氧化时间。在有煤自燃倾向性的煤层工作面采空区中，工作面漏风给采空区遗煤提供合适的通风供氧条件，漏风强度和采空区遗煤的堆积决定了煤氧化蓄热的环境，而氧气浓度的大小决定煤层的氧化自燃能力。因此，根据采空区内氧化浓度和风流运移分析，可以综合划分出煤自燃"三带"的范围，分别为散热带、氧化升温带和窒息带。这可为掌握采空区煤自燃规律和采取防灭火措施提供指导。

6.1 现场测试方案及测试仪器

6.1.1 现场观测方案

采空区煤自燃"三带"范围的测定，应采用合理的布置方法，通过测定采空区气体体积分数的变化情况，分析采空区遗煤氧化自燃规律。本节采用现场实测手段，用气相色谱仪分析采空区气体成分，获得工作面回采后采空区内遗煤氧化情况，进而划分出采空区煤自燃危险区域。现场观测工作主要是通过采空区预埋管路进行气样分析，测定布置方案如图6-1所示。进风巷和回风巷各布置两个测点，两个测点间隔30m左右，编号为测点1、测点2和测点3、测点4，随工作面回采测点埋入采空区，监测采空区内部气体体积分数分布情况，掌握煤自燃危险区域。

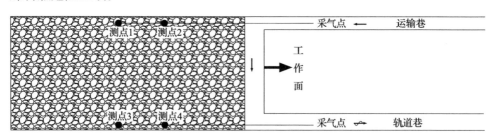

图6-1 工作面采空区煤自燃"三带"测定布置方案

两个测点均布置一根束管，为了防止采空区积水堵塞束管，每个测点的探头抬高，下部用两通、三通和钢管连接，在两通、三通内用黄泥填实，保证气密性，束管与矿用束管粉尘过滤器连接，防止束管内进水和煤尘堵塞管路影响监测；束管应进行编号区分，在铺设过程中应使用 2in(1in=2.54cm) 钢管作为保护套管，以防垮落的岩块砸坏束管(图 6-2)。

铺设过程中应注意以下事项。

(1)取气点要用塞子密封，取气时打开，取气完毕后封闭，杜绝向采空区漏气。

(2)束管采用不同颜色以区分测点编号。

(3)在铺设探头过程中，所有管路应紧贴煤体以减少垮落压断的可能。

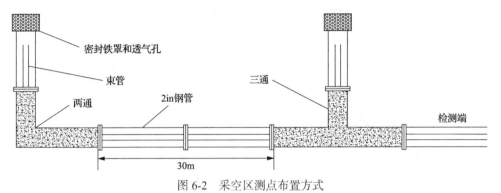

图 6-2　采空区测点布置方式

6.1.2　测试仪器介绍

所用抽气装置为具有煤安标志的 CFZ-15(C) 型气体自动负压采样器，如图 6-3 所示。相关参数见表 6-1。气样采集前，连接束管至真空泵，预抽管路 10min 左右，以排尽束管内空气，由于气囊有一定弹性会残存一部分空气，故使用气囊前也应排气。采气后应写明所取气样的测点及取样时间。

图 6-3　CFZ-15(C) 型气体自动负压采样器

根据工作面推进情况，采样周期为一天、两天或三天采样一次，且时间固定为上午检修班采样，然后带至地面，用气相色谱仪(图 6-4)进行气体成分分析。该气相色谱仪分析气体精确度高，成分分析全面。分析气体成分为：一氧化碳(CO)、甲烷(CH_4)、氧气(O_2)、氮气(N_2)、二氧化碳(CO_2)以及烷、烯烃类气体(C_nH_m)。

表 6-1　CFZ-15（C）型气体自动负压采样器相关参数

型号	抽气速率/(L/min)	抽气负压/Pa	外形尺寸/(mm×mm×mm)	重量/kg
CFZ-15(C)	15	>8000	215×130×110	1.60

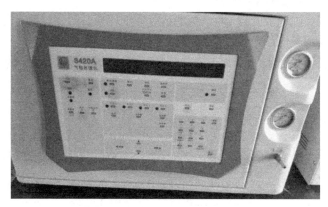

图 6-4　现场测试所用的气相色谱仪

6.1.3　观测参数

分析测定的气体成分包括 CO、O_2、N_2、CO_2、CH_4、C_2H_4、C_2H_6、C_2H_2 等，并记录测点埋入深度。观测参数主要包括如下。

(1)进回风巷及采空区 O_2、N_2、CO_2、CH_4、C_2H_6、C_2H_4、C_2H_2 等气体浓度。

(2)工作面实际推进度。

(3)测点埋入深度。

6.2　基于现场实测的煤自燃"三带"划分

平煤四矿己$_{15}$-31060 工作面采空区煤自燃"三带"观测，自 2021 年 3 月 20 日开始布置管道，2021 年 3 月 25 日进行观测，至 2021 年 5 月 27 日结束观测，其中进风侧束管埋入采空区的最终长度为 293.6m，回风侧束管埋入采空区的最终长度为 145.2m。

需要说明的是，现场实测时，回风侧的测点 3 堵塞，无法正常抽气，故进风侧的气体监测数据以测点 1 和测点 2 为准，回风侧的气体监测数据以测点 4 为准。根据现场实测的数据，可以获得进风侧测点 1、测点 2 和回风侧测点 4 的 O_2 浓度随着工作面推进的变化情况，如图 6-5～图 6-7 所示。观察图 6-5～图 6-7 可知，三个测点的 O_2 浓度随着距工作面的距离逐渐增大，总体上呈线性下降趋势。对三个测点的实测数据进行数据拟合可知，测点 1、测点 2 和测点 4 的相关系数均为 0.99，拟合的线性相关系数具有较高的可信度。

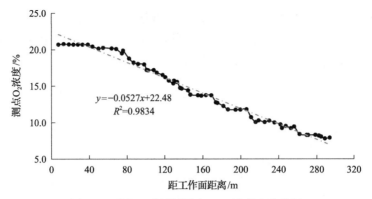

图 6-5　采空区进风侧测点 1 O_2 浓度变化特征

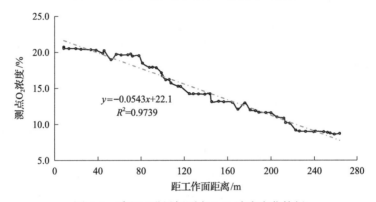

图 6-6　采空区进风侧测点 2 O_2 浓度变化特征

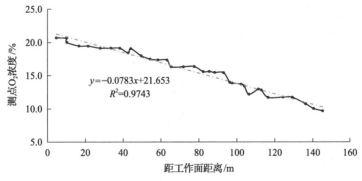

图 6-7　采空区回风侧测点 4 O_2 浓度变化特征

随着工作面的推进，测点与工作面的距离越来越大，O_2 浓度持续下降，当测点 1、测点 2 和测点 4 距工作面距离分别为 75.7m、66.3m 和 40.3m 时，O_2 浓度下降到 18.5%。这一数据节点可以作为散热带和氧化升温带的分界点。这时测点 1、测点 2 和测点 4 进入到氧化升温带的范围，随着工作面继续推进，测点 1、测点 2 和测点 4 所测到的 O_2 浓度继续下降。

当测点 1、测点 2 和测点 4 距工作面距离分别为 236.8m、222.8m 和 148.8m 时，O_2 浓度下降到 10%左右，这一节点可以作为氧化升温带与窒息带的分界点。在这一分界点之后，采空区回风巷的遗煤进入窒息带的范围。

6.3　采空区煤自燃"三带"划分及安全回采速度

6.3.1　采空区煤自燃"三带"划分

煤自燃"三带"划分中常用 O_2 浓度作为采空区煤自燃"三带"划分的指标，并由此形成经验性的划分界限值：散热带，$O_2 > 18.5\%$；氧化升温带，$10\% < O_2 \leqslant 18.5\%$；窒息带，$O_2 \leqslant 10\%$。

根据上述划分标准和前述分析，基于最小-最大化原理，即可圈定出平煤四矿己$_{15}$-31060 工作面采空区煤自燃"三带"的分布范围：散热带 0～40.3m，氧化升温带 40.3～236.8m，窒息带大于 236.8m。

6.3.2　预防煤自燃的安全回采速度

通常情况下，采空区氧化升温带的宽度越大，氧化升温带前移的速度越慢，发生煤自燃灾害的可能性就越大。因此，从采空区煤自燃灾害的防治角度来说，采空区氧化升温带是煤矿生产及一通三防部门相关人员要关注的重要区域。例如，为有效预防采空区煤自燃，通常适当加快工作面的回采速度，以加快氧化升温带的前移速度，从而使氧化升温带在其自然发火期内快速进入窒息带，即可杜绝采空区煤自燃现象演化成煤自然火灾。

基于预防煤自燃灾害的工作面安全回采速度按式(6-1)计算：

$$v_{\min} = \frac{l_{\max}}{\tau_{\min} \times k} \tag{6-1}$$

式中，$v_{\min}$ 为抑制工作面遗煤发生自燃的安全回采速度，m/d；$l_{\max}$ 为氧化升温带最大宽度，m；$\tau_{\min}$ 为最短自然发火期，d，取 155.52d；k 为比例系数，取 1.05。

由前述可知采空区氧化升温带的最大宽度 $l_{\max} = 196.5$m，为有效预防采空区煤自燃的安全回采速度 $v_{\min} = 1.20$m/d。即工作面正常回采下，回采速度大于 1.2m/d (即工作面的月推进量大于 36m)时，工作面采空区无自然发火危险；当回采速度小于 1.2m/d(即工作面的月推进量小于 36m)时，工作面采空区将有发生自然发火的危险。

当工作面遇到地质构造异常区，或者是管理原因而长时间没有推进的情况时，需要采取相应的防灭火措施。

6.4　己₁₅-31060 工作面采空区煤自燃 "三带" 数值模拟

6.4.1　COMSOL 软件介绍

COMSOL Multiphysics 是一款以有限元分析方法为基础，将各种工程实践问题通过求解偏微分方程(组)来解决的模拟分析软件。它广泛应用于流体力学、热传导、结构力学、电磁分析等多种物理场，能够模拟各个科学研究或者实际工程中的实际问题，被誉为 "第一款真正的任意多物理场直接耦合分析软件"。COMSOL 强大的功能主要体现在：①完全开放的架构，例如 COMSOL 软件自带材料库，基本上满足用户的一切需求，同时用户也可以根据自身需求修改材料属性为常数或者函数；②COMSOL 软件有大量的物理场模块，可以根据工程实例进行选择，同时针对复杂情况，支持多物理场耦合。

COMSOL 软件对于用户特别友好。例如，COMSOL 中文网站包含大量学习配套的视频，各种工程领域的案例可供免费下载，最重要的是 COMSOL 自身包含的案例库中大多数是英文，而中文网站上基本上都有配套的中文建模步骤，可供用户学习。该软件的界面非常清晰明了，界面的语言就是中文，方便用户交流学习，如图 6-8 所示。

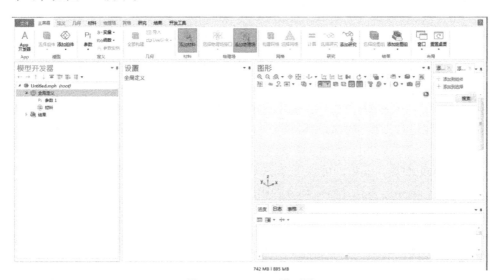

图 6-8　COMSOL 界面图

COMSOL 提供给用户多种物理场模块选择，主要包括 AC/DC 模块、传热模块、声学模块、光学模块、流体流动模块、化学物质传递模块、自定义偏微分方程组模块等。这里主要介绍流体流动模块和化学物质传递模块。

流体流动模块主要包含单向流、多向流、多孔介质和地下水流等，本书主要应用多孔介质和地下水流模块来模拟采空区流场。根据流动的状态又可以细分物理场接口，如气体流速缓慢可以应用达西接口。国内很多学者认为采空区的气体流动符合达西定律，气体运动过程中不可忽略剪应力的 Brinkman 方程模块，该模块可以和物理模块耦合，如和化学物质传递模块耦合。

化学物质传递模块的原理是以化学反应的方式体现溶质的运移、流体的流动、能量的传递这三种物理现象。首先，化学物质传递模块创建化学反应系统，然后通过质量、溶质运移方程和流动方程，以反应动力学来求解整个反应系统的物质守恒和能量守恒，给出随时间、空间的物质分布和温度分布。

6.4.2　COMSOL 建模步骤

COMSOL 建模步骤如图 6-9 所示。

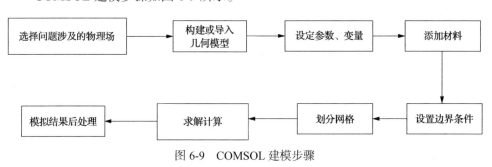

图 6-9　COMSOL 建模步骤

(1)选择问题涉及的物理场。选择物理场模型或自定义偏微分控制方程。

(2)构建或导入几何模型。可以利用 COMSOL 软件自带的绘图功能，创建一维到多维的几何模型，用户还可以通过布尔操作和分割的求差、并集等一系列操作，构建适合工程案例的几何模型，同时 COMSOL 支持 Cad 软件导入，操作方便。

(3)设定参数、变量。可以直接在 COMSOL 软件中自行输入，同时支持 txt 文件导入。例如，多孔介质流动方程中的动力黏度和流体密度等参数，可以是变量、位置和时间的函数。

(4)添加材料。COMSOL 自带有材料库，用户可以自行添加，而且材料的参数都是默认的，节约用户大量时间，非常便利。

(5)设置边界条件。边界条件设置的好坏，直接影响模拟的结果。例如，流体流动模块，用户设置速度入口，若风速设置过大，会直接导致气体浓度存在偏差。

(6)划分网格。COMSOL 有自带网格划分的功能，同时提供了极粗化到极细化 9 种不同精度的选择，用户也可以自行划分网格，通过改变曲率因子和狭窄区域解析度，得到符合要求的网格。

（7）求解计算。COMSOL 是基于 C++程序编制的以直接和迭代求解方法为核心的处理器，可以进行计算的数值包括稳态、瞬态、参数化扫描和本征值等，求解过程几乎是自动进行。

（8）模拟结果后处理。COMSOL 可以把模拟结果呈现为切线图、等值线图、表面图、云图，还可以生成动画文件，将变化过程生动展现出来。

6.4.3　数学模型

1. 流场数学模型

关于采空区的风流状态，一直是国内外学者研究的重点，而且存在很大的分歧。目前国内外学者认为采空区顶板垮落，将采空区逐渐充实，符合多孔介质的定义，故一般认为可以运用多孔介质渗流力学理论对采空区中的气体进行研究。达西渗流、低速非达西渗流和高速非达西渗流等分别在不同文献中应用于采空区中的渗流规律研究[95-97]。针对开采深度浅、倾角较缓的煤层工作面的开采环境，建立渗流模型，主要包含巷道流动方程和采空区流动方程。

1）巷道流动方程

煤矿巷道和工作面通风条件可以视为管道流动，其空气的流动特征可参考管道流体的流动规律。已有研究发现，Navier-Stoke 方程能很好地描述管道内流体的流动规律，无论是微风还是湍流，都可以通过 Navier-Stoke 方程求解。因此采取 Navier-Stoke 方程作为工作面空气流动方程[98]：

$$\rho\left(\frac{\partial u}{\partial t}+u\cdot\nabla u\right)=\nabla\cdot\left[-\rho\boldsymbol{I}+\mu\left(\nabla u+(\nabla u)^T\right)\right]+F \tag{6-2}$$

$$\rho\nabla U=0 \tag{6-3}$$

式中，u 为流体速度，m/s；ρ 为流体密度，kg/m^3，取值 1.28kg/m^3；∇ 为 Hamilton 算子；$\boldsymbol{I}$ 为单位矢量；μ 为动力黏度，Pa·s；T 为温度，K；F 为体积力，N/m^3；U 为时均速度，m/s。

2）采空区流动方程

针对平煤四矿己$_{15}$-31060 采空区内渗流空间的主要特征，该采空区多孔介质中存在大量孔隙和裂隙，采空区气体流动状态可以用 Brinkman 方程表示[99]：

$$\begin{aligned}\frac{\rho}{\varepsilon}\left(\frac{\partial u}{\partial t}+(u\cdot\nabla)\frac{u}{\varepsilon}\right)=&-\nabla p+\nabla\cdot\frac{1}{\varepsilon}\left[\mu\left(\nabla u+(\nabla u)^T\right)-\frac{2}{3}\mu(\nabla\cdot u)\boldsymbol{I}\right]\\&-\left(\frac{1}{k}\mu+\frac{Q_{\mathrm{br}}}{\varepsilon^2}\right)u+F\end{aligned} \tag{6-4}$$

式中，ρ 为流体密度，kg/m³；ε 为孔隙率；k 为渗透率，m²；u 为流体速度，m/s；I 为单位矢量；Q_{br} 为质量源；F 为流体阻力，kg/(m²·s²)；μ 为动力黏度；t 为时间。

2. 氧浓度场数学模型

本节主要分析采空区 O_2 浓度的传递属性，忽略热辐射、流体热膨胀和水蒸气蒸发等影响。空气在工作面与采空区的运移遵守流体动力学弥散定律，而其运动基本符合线性扩散定律——Fick 定律。

$$J_i = -D_{ij}\left(\frac{\partial C_i}{\partial x} + \frac{\partial C_i}{\partial y}\right) \tag{6-5}$$

式中，J_i 为组分沿坐标 X、Y 通量，mol/(s·m²)；$-D_{ij}$ 为 i 组分向 j 组分的扩散系数，m²/s；$\partial C_i/\partial x$、$\partial C_i/\partial y$ 分别为组分气体浓度沿 X、Y 方向上浓度的分量，mol/(s·m³)。

考虑 O_2 在煤样中的扩散、对流与耗氧行为，建立 O_2 运移规律方程[100]：

$$\varepsilon\frac{\partial C}{\partial t} + r(1-\varepsilon) + U\nabla c = D\nabla^2 c \tag{6-6}$$

式中，C 为物质的浓度，mol/m³；D 为扩散系数，m²/s；r 为 O_2 的反应速率，mol(m³·s)，等于 $V_{O_2}(T)$，为煤的耗氧速率。

$$r = V^0_{O_2}(T)\frac{C}{C_O} \tag{6-7}$$

式中，$V^0_{O_2}(T)$ 由程序升温氧化得到的耗氧速率式(4-1)求得；C_O 为空气中 O_2 浓度，9.375mol/m³。

6.4.4　采空区物理模型

采空区空间范围广，物理条件相对复杂，本次数值模拟将进风巷、回风巷、工作面、采空区看作一个整体进行研究。为了使问题得到简化，找到各个因素之间的关系，使得模拟过程既简单又能反映采空区的实际情况，将对物理模型进行以下假设。

(1)把煤岩体看作是均匀、各向同性的多孔介质。

(2)把混合气体视为不可压缩的理想混合气体。

(3)煤岩体的孔隙率和渗透率只和空间位置有关系，是空间位置的函数。

(4)煤岩体材料属性相同。

(5)不考虑采空区的动态变化过程，只考虑工作面在某一位置的静止状态。

(6) 不考虑回风巷、进风巷和工作面的机械设备。将进风巷、回风巷、工作面和采空区都假设为长方体，根据每天的推进距离和通风实际情况设置长方体大小。

1. 几何模型构建和网格划分

已$_{15}$-31060 工作面采用 U 型通风方式，回风巷高度 3.8m，宽度 4.2m，进风巷高度 3.6m，宽度 4.5m，建立采空区三维物理模型，采空区高度 30m，工作面长度 100m，走向长度 180m。巷道与工作面设置为自由流动空间，采用 Navier-Stoke 方程进行求解计算，而已$_{15}$-31060 工作面采空区符合多孔介质的定义，采用 Brinkman 方程进行计算，如图 6-10 所示。

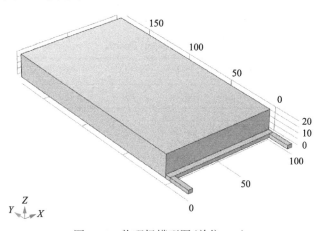

图 6-10　物理场模型图 (单位：m)

采用 COMSOL 自带的网格划分功能，将物理场模型进行网格划分，如图 6-11 和图 6-12 所示。

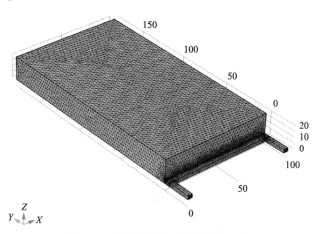

图 6-11　网格划分立体图 (单位：m)

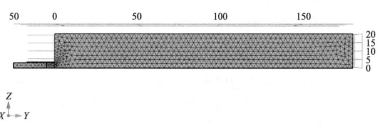

图 6-12　网格划分 Z-Y 图(单位：m)

主要划分网格的类型为四面体网格，几何模型中四面体的网格数为 229577 个，网格具体划分信息见表 6-2。

表 6-2　网格信息参数

网格顶点	单元数	四面体	三角形	四边形	单元体积比	网格体积/m³
78739	29871	229577	24257	294	6.152×10^{-4}	362000

2. 模型参数和边界条件

模拟采空区和工作面 O_2 流动扩散过程需要确定以下几个重要的参数，如多孔介质的孔隙率、渗透率、空气黏度系数和 O_2 扩散系数等。

1) 孔隙率

根据以往大量现场试验和工程实践所得结论，孔隙率 ε 和进入采空区距离成反比，采空区距离工作面的距离越大，孔隙率反而越小，当距离小于 100m 时呈抛物线变化，100m 之后基本不再改变。采空区孔隙率 ε 可由以下经验公式[101]获得

$$
\begin{cases}
\varepsilon = 0.00001x^2 - 0.002x + 0.3 & (x < 100) \\
\varepsilon = 0.2 & (x > 100)
\end{cases}
\tag{6-8}
$$

式中，ε 为孔隙率；x 为进入采空区距离，m。

2) 渗透率

根据 Blake-Kozeny 方程建立渗透率关于孔隙率的方程[102]：

$$
K = \frac{D_P^2 \varepsilon^3}{150(1-\varepsilon)^2}
\tag{6-9}
$$

式中，K 为采空区渗透性系数，$10^{-8}\mathrm{m}^2$；D_P 为平均粒子直径，5mm；ε 为多孔介质孔隙率。

3) 其他关键参数

其他关键参数见表 6-3。

表 6-3 关键参数表

参数名称	参数值	参数名称	参数值
煤样密度	1324kg/m³	氧气入口浓度	21%
入口风量	900m³/min	气体扩散系数	1.3×10^{-5}
气体密度	1.21kg/m³	气体动力黏度	1.8×10^{-5}Pa·s
遗煤平均厚度	0.3m	入口温度	293K
遗煤平均粒度	5mm	入口风速	2.3m/s

边界条件确定如下。

(1) 根据现场实测,工作面风量为 900m³/min,进风巷采用速度进口边界,平均风速为 2.3m/s;回风巷出口边界设定压力出口,并且抑制回流,采空区与工作面边界设为内部边界;其余边界设置无滑移。

(2) 进风巷、回风巷以及工作面处风流温度设为常温,取 293K,设定工作面 O_2 浓度为 21%。

(3) 煤的耗氧速度由程序升温氧化实验计算得出,O_2 扩散系数、动力黏度参考相关文献和经验公式进行设置。

6.4.5 模拟结果分析

基于前面研究,利用 COMSOL 软件模拟平煤四矿己$_{15}$-31060 工作面采空区的流场和 O_2 浓度场分布情况,并根据 O_2 浓度指标来划分己$_{15}$-31060 工作面采空区煤自燃"三带"范围。

1. 流场模拟结果分析

采空区煤自燃最重要的因素之一就是工作面漏风导致采空区气体流动。由于采空区顶板垮落导致采空区漏风规律十分复杂,若能清晰掌握漏风规律,很大程度就能避免采空区煤自燃现象。己$_{15}$-31060 工作面采空区漏风矢量图、流场云图和压力分布图如图 6-13～图 6-15 所示。

由图 6-14 可知,己$_{15}$-31060 工作面巷道和工作面风速远远大于采空区内漏风风压造成的渗流速度,由图例可以看到,进回风巷道和工作面的数量级是 m/s,而且巷道的最大风速达到 2.71m/s,采空区内渗流流速的数量级是 10^{-5}m/s,最大的渗流速度是 1.2×10^{-3}m/s,而且工作面的风速稳定在 2m/s。又因为工作面采用

U 型通风方式，所以如图 6-13 所示，采空区漏风矢量图由进风巷箭头指向回风巷，图中只显示了采空区内部流场的渗流速度的箭头，部分漏风向采空区深部运移，多数漏风风流最终汇合到回风巷，一起从采空区排放出来。工作面漏风渗入采空区，采空区邻近进风巷的一端漏风强度达到最大，导致该位置的渗流速度也最大，空气渗流速度由该处向采空区深部逐渐降低，直到采空区内部漏风风速达到稳定。由图 6-15 可知，压力由进风巷逐渐向回风巷递减，同时由于抽放负压作用，回风巷风速达到最大的 2.71m/s，而采空区内部的渗流速度稳定在 2×10^{-5}m/s。

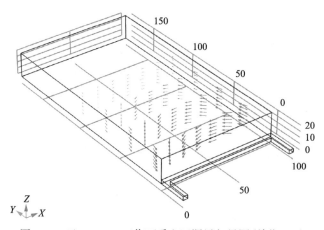

图 6-13　己$_{15}$-31060 工作面采空区漏风矢量图(单位：m)

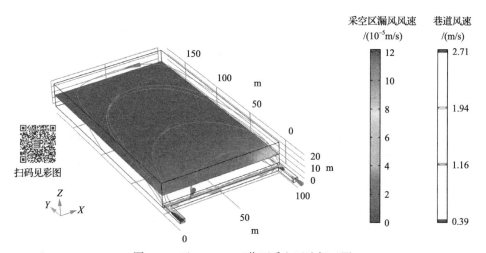

图 6-14　己$_{15}$-31060 工作面采空区流场云图

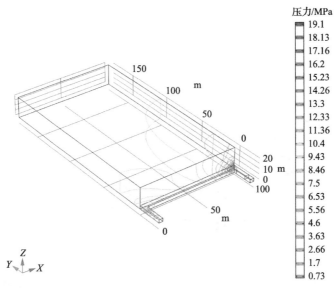

图 6-15　己$_{15}$-31060 工作面采空区压力分布图

2. O$_2$ 浓度场模拟结果分析

确定采空区 O$_2$ 浓度分布是确定自然发火区域的重中之重，结合第 2 章程序升温氧化实验结果，得到了己$_{15}$-31060 工作面煤样的耗氧速率。根据漏风特征，模拟得到己$_{15}$-31060 工作面采空区总体的 O$_2$ 浓度分布特征。依据采空区煤自燃"三带"划分理论，将其推广到己$_{15}$-31060 工作面采空区，以 O$_2$ 浓度 10%～18.5%确定了立体的复合采空区氧化升温带范围，以便更加准确地了解和掌握己$_{15}$-31060工作面采空区遗煤自燃规律，得到的模拟结果如图 6-16～图 6-18 所示。

由图 6-16 可知，采空区 O$_2$ 浓度分布整体呈现工作面向采空区深部逐渐降低。由图 6-17 可知，沿着采空区倾向，相同水平线上的进风巷 O$_2$ 浓度高于回风巷的O$_2$ 浓度，这是因为新鲜风流是从进风巷进入，靠近进风巷的采空区内部风速较大，导致 O$_2$ 扩散范围大，靠近回风口的风速较小，O$_2$ 的扩散范围小。沿着采空区走向，靠近工作面的进回风巷 O$_2$ 浓度较大，越进入采空区深部 O$_2$ 浓度逐渐变小，进风侧的采空区距工作面达到 232m 以后，O$_2$ 浓度降到 10%，回风侧的采空区距工作面达到 145m 以后，O$_2$ 浓度降到 10%。为更好地研究采空区煤自燃"三带"的分布范围，通过 COMSOL 软件强大的后处理功能，提取 O$_2$ 浓度 10%～18.5%等值线得出采空区氧化升温带的范围，如图 6-18 所示，采空区氧化升温带整体呈弧形，进风侧的氧化升温带宽度达到 165m 左右，回风侧的氧化升温带宽度达到110m 左右。

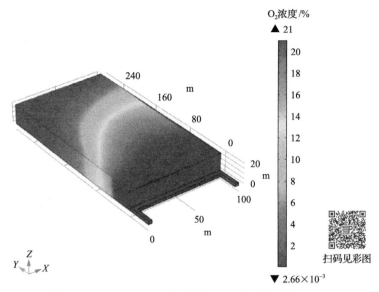

图 6-16 己$_{15}$-31060 工作面采空区 O$_2$ 立体分布图

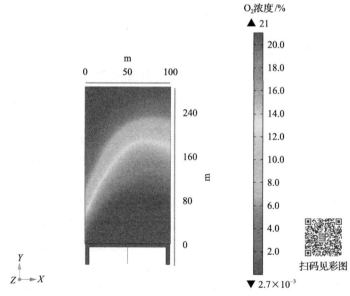

图 6-17 己$_{15}$-31060 工作面采空区 X-Y 平面 O$_2$ 分布图

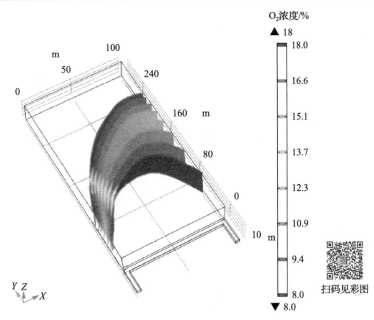

图 6-18　已 $_{15}$-31060 工作面采空区氧化升温带分布图

3. 结果分析

通过对数值模拟煤自燃"三带"划分结果与现场实测结果进行比较分析，可以得出以下结论。

(1) COMSOL 数值模拟结果和现场实测结果基本一致，回风侧模拟的氧化升温带宽度为 110m，实测氧化升温带宽度为 108.5m，相对误差为 1.36%。模拟进风侧氧化升温带宽度为 165m，实测氧化升温带宽度为 170.5m，相对误差为 3.33%。

(2) COMSOL 模拟得出的煤自燃"三带"范围和实测结果基本一致，利用 COMSOL 对已 $_{15}$-31060 工作面采空区进行数值模拟，可以快速准确地划分煤自燃"三带"范围，比现场实测的效率高。

6.5　不同风速对采空区煤自燃"三带"的影响

6.4 节对进风巷入口风速为 2.3m/s 进行分析，本节对进风巷的入口风速分别为 1.2m/s、1.5m/s、1.8m/s、2m/s 四种情况下，工作面采空区煤自燃"三带"的分布规律进行模拟研究，并比较分析不同之处，模拟结果如图 6-19～图 6-22 所示。

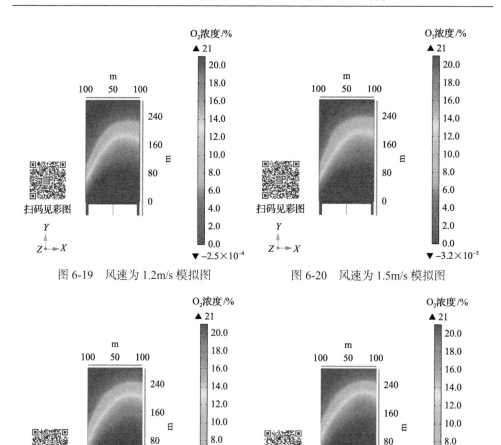

图 6-19　风速为 1.2m/s 模拟图　　　　　　图 6-20　风速为 1.5m/s 模拟图

图 6-21　风速为 1.8m/s 模拟图　　　　　　图 6-22　风速为 2m/s 模拟图

由模拟结果可知，随着入口风速增大，采空区散热带、氧化升温带向采空区深部移动，而且风速越大，采空区氧化升温带宽度也越大，增加了采空区遗煤自然发火的概率。

由图 6-19～图 6-22 可知，采空区内氧气呈弧形分布，在倾向方向上靠近工作面的进回风巷的 O_2 浓度稳定在 18%，在进入采空区 20m 以后，靠近进风侧的 O_2 浓度高于回风侧，这是因为风流是从进风巷进入，靠近进风巷的采空区漏风现象严重。从走向上看，随着工作面每天向前推进，采空区 O_2 浓度逐渐变低，主要因为顶板垮落，还有采空区孔隙率逐渐降低，气体在采空区中的流动强度和渗流强度逐渐减弱，漏入采空区中深部的风流逐渐减少。

第7章　采空区煤自燃"三带"分布的多元回归分析

近年来，高产高效矿井的普及，使煤矿生产越来越走向集约化，使得煤层开采强度增大，工作面通风强度和漏风量显著增大，致使采空区煤自燃灾害更加频繁。遗弃在采空区的浮煤在漏风供氧、散热和蓄热环境下形成不同的自燃分布状态，即形成所谓的散热带、氧化升温带和窒息带，即煤自燃"三带"。弄清煤自燃"三带"分布是预防采空区遗煤自燃的重要基础参数，是精准实施防灭火措施的重要保障。

然而采空区煤自燃"三带"的现场观测费时费力，能否借助多个工作面采空区煤自燃"三带"现场实测数据，综合考虑影响煤自燃"三带"分布的影响因素，运用 SPSS 软件进行多元回归分析，尝试建立一个基于多指标因素的采空区煤自燃"三带"分布的预测方程，以期指导后续采空区煤自燃"三带"分析，减轻矿井的安全生产成本和通风主管部门的工作量。

7.1　多元回归分析原理

当某个被研究变量存在多个影响其变化的因素，并且它们之间具有一定的相关关系时，可采用多元回归模型对因变量进行分析。在构建多元回归模型时，还需要考虑各自变量之间是否存在共线性，从而对其进行剔除选择，得到最终的回归方程。

7.1.1　多元回归方程

多元回归方程可表示为

$$Y=\beta_0 + \beta_1 X_1 + \beta_2 X_2 + \cdots + \beta_k X_k + e \tag{7-1}$$

式中，Y 为因变量；β_0 为回归常数；$\beta_1, \beta_2, \cdots, \beta_k$ 为回归系数；$X_1, X_2, \cdots, X_k$ 为自变量；e 为残差。

当存在 n 组数据时，矩阵形式可表示为

$$Y=\beta X+e \tag{7-2}$$

其中：

$$
\boldsymbol{Y} = \begin{bmatrix} Y_1 \\ Y_2 \\ \vdots \\ Y_k \end{bmatrix}; \ \boldsymbol{\beta} = \begin{bmatrix} \beta_1 \\ \beta_2 \\ \vdots \\ \beta_k \end{bmatrix}; \ \boldsymbol{X} = \begin{bmatrix} 1 & X_{11} & \cdots & X_{1k} \\ 1 & X_{21} & \cdots & X_{2k} \\ \vdots & \vdots & & \vdots \\ 1 & X_{n1} & \cdots & X_{nk} \end{bmatrix}; \ \boldsymbol{e} = \begin{bmatrix} e_1 \\ e_2 \\ \vdots \\ e_4 \end{bmatrix}
$$

最小二乘法计算回归参数值：

$$
\hat{\boldsymbol{\beta}} = (\boldsymbol{X}^{\mathrm{T}}\boldsymbol{X})^{-1}\boldsymbol{X}^{\mathrm{T}}\boldsymbol{Y} \tag{7-3}
$$

7.1.2 多元回归模型评判依据

1. 方差分析

总变量平方和为

$$
\mathrm{SS}_{\mathrm{total}} = \sum (Y_i - \bar{Y})^2 = \sum (Y_i - \hat{Y})^2 + \sum (\hat{Y} - \bar{Y})^2 \tag{7-4}
$$

残差平方和为

$$
\mathrm{SSE} = \sum_{i=1}^{n} e_i^2 = \sum_{i=1}^{n} (Y_i - \hat{Y}_i)^2 \tag{7-5}
$$

回归平方和为

$$
\mathrm{SS}_{\mathrm{reg}} = \sum (\hat{Y} - \bar{Y})^2 = \mathrm{SS}_{\mathrm{total}} - \mathrm{SSE} \tag{7-6}
$$

2. 相关系数 R、判定系数 R^2、调整系数 $\mathrm{Adjust}R^2$

R、R^2、$\mathrm{Adjust}R^2$ 三个系数均可表示多个自变量与被影响变量之间的线性相关度，三个系数的取值范围为 $0 \sim 1$，且取值越接近 1，代表自变量与因变量的线性拟合度越好。

$$
R = \sqrt{R^2} = \sqrt{\frac{\sum\limits_{i=1}^{n} (\hat{Y} - \bar{Y})^2}{\sum\limits_{i=1}^{n} (Y_i - \bar{Y})^2}} \tag{7-7}
$$

$$
\mathrm{Adjust}R^2 = 1 - \frac{\sum (Y - \hat{Y})^2 / (n - k - 1)}{\sum (Y - \bar{Y})^2 / (n - 1)} \tag{7-8}
$$

3. 多元回归模型的检验指标

模型建立后，可采用 F 检验和 t 检验对其进行显著性分析，并分析变量间是否存在共线性，判断指标见表 7-1。

表 7-1　多元回归共线性判断指标

指标名称	检验标准
容忍度 (tolerance)	当容忍度小于 0.1 时，存在共线性问题
方差膨胀率 (VIF)	当方差膨胀率大于 10 时，存在线性相关
特征根 (eigenvalue)	当多个特征根等于 0 时，可能存在共线性问题
条件指数 (condition index)	当某维度条件指数大于 30 时，存在线性相关

7.2　多元回归方程的建立与分析

影响采空区煤自燃"三带"分布的因素众多，如工作面长度、工作面推进速度、工作面通风量、瓦斯抽采情况、采空区漏风量、覆煤岩的孔隙率、遗煤厚度、煤层埋藏深度、煤层厚度、煤层倾角、围岩温度等；还有煤自身的性质，如煤的变质程度、煤中水分、煤的孔隙结构等。因本节的样本数据均为平煤集团所属矿井，很多因素差别不是太大以及有些因素的数据统计不全，本节暂遴选煤中水分、煤层厚度、煤层倾角、倾向长度和推进速度作为预测煤自燃"三带"分布的影响指标，运用回归分析方法，建立煤自燃"三带"分布的多元回归方程。初始样本数据见表 7-2。

表 7-2　初始样本数据

样本序号	煤中水分/%	煤层厚度/m	煤层倾角/(°)	倾向长度/m	推进速度/(m/d)	散热带界限/m	氧化升温带界限/m	氧化升温带宽度/m
1	2.2	3.95	8	214	2.42	1.02	108.7	107.7
2	1.17	1.2	9.9	200.2	3.61	30.8	133.2	102.4
3	1.52	1.05	8	201.3	5.76	14.7	162.6	147.9
4	3	1.55	6.8	195	1.2	40.3	236.8	196.5
5	0.92	1.7	7	240	2.25	19.5	185.3	165.8
6	2	3.6	13	302	0.89	9.3	70.7	61.4
7	1.31	2.74	8	303	1.07	58	166	108.0
8	5.9	1.5	20	213.3	1.11	11	93.4	82.4
9	1.33	1.5	13.3	160.9	2.47	14.7	162.6	147.9
10	0.65	4.28	35	189	2.67	29.9	102.2	72.3
11	0.82	3.8	30.9	130.8	3.26	28.2	102.1	73.9
12	1.2	2.8	14.5	127.5	1.77	27	126.7	99.7
13	0.85	4	38	166	1.26	17.4	125.17	107.8
14	1.75	6.5	14	150	1.13	35.65	131.41	95.8

7.2.1 散热带与氧化升温带分界线的多元回归分析

基于上述分析可得到包括上述 5 个自变量的多元回归方程：

$$Y = \beta_0 + \beta_1 X_1 + \beta_2 X_2 + \beta_3 X_3 + \beta_4 X_4 + \beta_5 X_5 + e \tag{7-9}$$

式中，Y 为煤自燃"三带"中散热带与氧化升温带的分界线；X_1 为煤中水分；X_2 为煤层厚度；X_3 为煤层倾角；X_4 为倾向长度；X_5 为推进速度。

$$E(e) = 0, \quad \text{var}(e) = \sigma^2$$

模型相应的统计参数和输出结果见表 7-3～表 7-6。

表 7-3 模型摘要

模型	R	R^2	AdjustR^2	标准估算的错误
1	0.426[a]	0.182	−0.330	16.97051

a. 预测变量：（常量），煤中水分，煤层厚度，煤层倾角，倾向长度，推进速度。

表 7-4 ANOVA[b]

模型	平方和	自由度	均方	F	显著性
回归	510.923	5	102.185	0.355	0.866[a]
残差	2303.986	8	287.998		
总计	2814.909	13			

b. 因变量：Y，散热带与氧化升温带的分界线。

表 7-5 系数[b]

模型	未标准化系数		标准化系数	t	显著性	共线性统计	
	B	标准错误	Beta			容忍度	VIF
（常量）	51.479	37.992		1.355	0.212		
煤中水分	−4.785	4.145	−0.439	−1.154	0.282	0.708	1.413
煤层厚度	−1.004	4.189	−0.107	−0.240	0.817	0.513	1.949
煤层倾角	−0.245	0.764	−0.146	0.320	0.757	0.494	2.025
倾向长度	−0.015	0.108	−0.055	−0.137	0.894	0.640	1.562
推进速度	−4.335	4.532	−0.396	−0.957	0.367	0.596	1.678

表 7-6 共线性诊断[a]

维	特征根	条件指数	方差比例					
			（常量）	煤中水分	煤层厚度	煤层倾角	倾向长度	推进速度
1	4.932	1.000	0.00	0.01	0.00	0.00	0.00	0.00
2	0.492	3.167	0.00	0.31	0.02	0.06	0.00	0.01

维	特征根	条件指数	方差比例					
			(常量)	煤中水分	煤层厚度	煤层倾角	倾向长度	推进速度
3	0.353	3.738	0.00	0.02	0.08	0.02	0.00	0.28
4	0.153	5.684	0.00	0.30	0.06	0.27	0.09	0.02
5	0.060	9.094	0.01	0.14	0.70	0.43	0.16	0.33
6	0.011	21.483	0.99	0.21	0.12	0.22	0.74	0.36

由表 7-5 和表 7-6 可知,所有变量方差膨胀率 VIF 均小于 10,且条件指数均小于 30,因此可知所选变量间不存在共线性问题,得到的煤自燃 "三带" 中散热带与氧化升温带的分界线的回归方程为

$$Y = 51.479 - 4.785X_1 - 1.004X_2 - 0.245X_3 - 0.015X_4 - 4.335X_5 \quad (7\text{-}10)$$

将其他一些样本数据代入式 (7-10),验证上述模型对散热带与氧化升温带的分界线的计算结果的准确性 (表 7-7)。

表 7-7　模型计算结果与实际值对比 (多元回归分析)

序号	煤中水分 X_1 /%	煤层厚度 X_2 /m	煤层倾角 X_3 /(°)	倾向长度 X_4 /m	推进速度 X_5 /(m/d)	预测结果 /m	实际值 /m	绝对误差 /m
15	1.6	1.3	12	199.8	1.72	29.12	31.2	−2.08
16	1.3	1.8	4	238.6	1.71	31.48	45.1	−13.62
17	1.8	1.9	17	175.3	1.62	27.14	44.1	−16.96

7.2.2　散热带与氧化升温带的分界线主成分回归分析

散热带与氧化升温带的分界线主成分回归分析的结果见表 7-8～表 7-10 和图 7-1。

表 7-8　相关性矩阵

主成分	Z_{X_1}	Z_{X_2}	Z_{X_3}	Z_{X_4}	Z_{X_5}
Z_{X_1}	1.000	−0.257	−0.329	0.173	−0.327
Z_{X_2}	−0.257	1.000	0.524	−0.204	−0.375
Z_{X_3}	−0.329	0.524	1.000	−0.554	0.040
Z_{X_4}	0.173	−0.204	−0.554	1.000	−0.234
Z_{X_5}	−0.327	−0.375	0.040	−0.234	1.000

表 7-9　总方差分析

成分	初始特征值			提取载荷平方和		
	总计	方差百分比/%	累积/%	总计	方差百分比	累积/%
1	2.067	41.335	41.335	2.067	41.335	41.335

续表

成分	初始特征值			提取载荷平方和		
	总计	方差百分比/%	累积/%	总计	方差百分比	累积/%
2	1.427	28.538	69.873	1.427	28.538	69.873
3	0.865	17.305	87.178	0.865	17.305	87.178
4	0.348	6.970	94.148			
5	0.293	5.582	100.000			

表 7-10 因子荷载矩阵

主成分	成分		
	1	2	3
Z_{X_1}	−0.586	0.355	0.679
Z_{X_2}	0.660	0.616	−0.221
Z_{X_3}	0.877	0.100	0.159
Z_{X_4}	−0.707	0.227	−0.574
Z_{X_5}	0.136	−0.927	−0.011

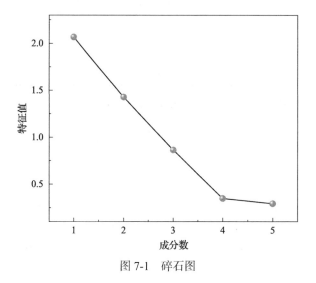

图 7-1 碎石图

可得到各主成分表达式：

$$y_1 = -0.408Z_{X_1} + 0.459Z_{X_2} + 0.610Z_{X_3} - 0.492Z_{X_4} + 0.095Z_{X_5} \tag{7-11}$$

$$y_2 = 0.297Z_{X_1} + 0.515Z_{X_2} + 0.084Z_{X_3} + 0.189Z_{X_4} - 0.776Z_{X_5} \tag{7-12}$$

$$y_3 = 0.730Z_{X_1} - 0.238Z_{X_2} + 0.171Z_{X_3} - 0.617Z_{X_4} - 0.012Z_{X_5} \tag{7-13}$$

$$Z_Y=0.03y_1+0.1y_2-0.282y_3 \tag{7-14}$$

$$Y=-2.053X_1+1.242X_2-0.036X_3+0.048X_4-0.781X_5+16.821 \tag{7-15}$$

主成分回归分析的预测结果见表 7-11。

表 7-11　模型计算结果与实际值对比（主成分回归分析）

序号	煤中水分 X_1 /%	煤层厚度 X_2 /m	煤层倾角 X_3 /(°)	倾向长度 X_4 /m	推进速度 X_5 /(m/d)	预测结果 /m	实际值 /m	绝对误差 /m
15	1.6	1.3	12	199.8	1.72	22.25	31.2	−8.95
16	1.3	1.8	4	238.6	1.71	25.78	45.1	−19.32
17	1.8	1.9	17	175.3	1.62	21.21	44.1	−22.89

通过多元回归分析和主成分回归分析两种方法对比，发现多元回归分析方法更准确，因此后续对煤自燃"三带"中氧化升温带与窒息带的分界线以及采空区氧化升温带的宽度分析时采用多元回归分析方法。

7.2.3　氧化升温带与窒息带的分界线多元回归分析

采空区氧化升温带与窒息带的分界线的多元回归分析的结果见表 7-12～表 7-15。

表 7-12　模型摘要（氧化升温带与窒息带的分界线）

模型	R	R^2	Adjust R^2	标准估算的错误
1	0.678[a]	0.460	0.122	41.50462

a. 预测变量：（常量），煤中水分，煤层厚度，煤层倾角，倾向长度，推进速度。

表 7-13　ANOVA[b]（氧化升温带与窒息带的分界线）

模型	平方和	自由度	均方	F	显著性
回归	11739.417	5	2347.883	1.363	0.331[b]
残差	13781.067	8	1722.633		
总计	25520.484	13			

b. 因变量：Y，氧化升温带与窒息带的分界线。

表 7-14　系数[b]（氧化升温带与窒息带的分界线）

模型	未标准化系数		标准化系数	t	显著性	共线性统计	
	B	标准错误	Beta			容忍度	VIF
（常量）	42.234	92.917		0.455	0.662		
煤中水分	3.949	10.138	0.120	0.390	0.707	0.708	1.413

模型	未标准化系数		标准化系数	t	显著性	共线性统计	
	B	标准错误	Beta			容忍度	VIF
煤层厚度	3.510	10.245	0.124	0.343	0.741	0.513	1.949
煤层倾角	−1.308	1.869	−0.259	−0.699	0.504	0.494	2.025
倾向长度	0.434	0.265	0.532	1.639	0.140	0.640	1.562
推进速度	5.974	11.084	0.181	0.539	0.605	0.596	1.678

表 7-15 共线性诊断 [a]（氧化升温带与窒息带的分界线）

维	特征根	条件指数	方差比例					
			（常量）	煤中水分	煤层厚度	煤层倾角	倾向长度	推进速度
1	4.932	1.000	0.00	0.01	0.00	0.00	0.00	0.00
2	0.492	3.167	0.00	0.31	0.02	0.06	0.00	0.01
3	0.353	3.738	0.00	0.02	0.08	0.02	0.00	0.28
4	0.153	5.684	0.00	0.30	0.06	0.27	0.09	0.02
5	0.060	9.094	0.01	0.14	0.70	0.43	0.16	0.33
6	0.011	21.483	0.99	0.21	0.12	0.22	0.74	0.36

由表 7-14 和表 7-15 可知，所有变量方差膨胀率 VIF 均小于 10，且条件指数均小于 30，因此可知所选变量间不存在共线性问题，可得到氧化升温带与窒息带分界线的回归方程为

$$Y=42.234+3.949X_1+3.510X_2-1.308X_3+0.434X_4+5.974X_5 \qquad (7\text{-}16)$$

将其他一些样本数据代入式(7-16)，验证模型计算结果的准确性(表 7-16)。

表 7-16 模型计算结果与实际值对比（氧化升温带与窒息带的分界线）

序号	煤中水分 X_1 /%	煤层厚度 X_2 /m	煤层倾角 X_3 /(°)	倾向长度 X_4 /m	推进速度 X_5 /(m/d)	预测结果 /m	实际值 /m	绝对误差 /m
15	1.6	1.3	12	199.8	1.72	134.4	117.2	17.21
16	1.3	1.8	4	238.6	1.71	162.2	148.9	13.32
17	1.8	1.9	17	175.3	1.62	119.5	170.6	−51.07

7.2.4 采空区氧化升温带宽度的多元回归分析

采空区氧化升温带宽度的多元回归分析的统计参数和输出结果见表 7-17～

表 7-20。

表 7-17　模型摘要（氧化升温带宽度）

模型	R	R^2	Adjust R^2	标准估算的错误
1	0.617[a]	0.381	−0.006	38.97579

a. 预测变量：（常量），煤中水分，煤层厚度，煤层倾角，倾向长度，推进速度。

表 7-18　ANOVA[b]（氧化升温带宽度）

模型	平方和	自由度	均方	F	显著性
回归	7481.489	5	1496.298	0.985	0.482[b]
残差	12152.900	8	1519.112		
总计	19634.389	13			

b. 因变量：Y，氧化升温带宽度。

表 7-19　系数[b]（氧化升温带宽度）

模型	未标准化系数		标准化系数	t	显著性	共线性统计	
	B	标准错误	Beta			容忍度	VIF
（常量）	194.653	87.255		2.231	0.056		
煤中水分	−5.851	9.520	−0.203	−0.615	0.556	0.708	1.413
煤层厚度	−20.134	9.261	−0.813	−2.093	0.070	0.513	1.949
煤层倾角	0.958	1.755	0.216	0.545	0.600	0.494	2.025
倾向长度	−0.067	0.249	−0.093	−0.268	0.795	0.640	1.562
推进速度	−6.853	10.409	−0.237	−0.658	0.529	0.596	1.678

表 7-20　共线性诊断[a]（氧化升温带宽度）

维	特征根	条件指数	方差比例					
			（常量）	煤中水分	煤层厚度	煤层倾角	倾向长度	推进速度
1	4.932	1.000	0.00	0.01	0.00	0.00	0.00	0.00
2	0.492	3.167	0.00	0.31	0.02	0.06	0.00	0.01
3	0.353	3.738	0.00	0.02	0.08	0.02	0.00	0.28
4	0.153	5.684	0.00	0.30	0.06	0.27	0.09	0.02
5	0.060	9.094	0.01	0.14	0.70	0.43	0.16	0.33
6	0.011	21.483	0.99	0.21	0.12	0.22	0.74	0.36

　　由表 7-19 和表 7-20 可知，所有变量方差膨胀率 VIF 均小于 10，且条件指数均小于 30，因此可知所选变量间不存在共线性问题，从而得到采空区氧化升温带

宽度的回归方程为

$$Y=194.653-5.851X_1-20.134X_2+0.958X_3-0.067X_4-6.853X_5 \qquad (7\text{-}17)$$

将其他一些样本数据代入式(7-17)，验证模型计算结果的准确性(表 7-21)。

表 7-21　模型计算结果与实际值对比(氧化升温带宽度)

序号	煤中水分 X_1 /%	煤层厚度 X_2 /m	煤层倾角 X_3 /(°)	倾向长度 X_4 /m	推进速度 X_5 /(m/d)	预测结果 /m	实际值 /m	绝对误差 /m
15	1.6	1.3	12	199.8	1.72	145.4	107.7	37.73944
16	1.3	1.8	4	238.6	1.71	126.9	102.4	24.53267
17	1.8	1.9	17	175.3	1.62	139.3	147.9	−8.59436

第8章 煤层自然发火监测及早期预报技术

完善的监测系统对于及时发现煤自燃，准确分析火区发展趋势，保证工作面安全生产具有重要的作用。针对矿井实际情况，应采取现场日常观测、采样色谱分析、束管监测及矿井安全监控系统等多种手段相结合的观测方法，获取观测数据，为分析煤层自燃的状况及其变化趋势提供依据。

8.1 巷道自然发火观测

巷道松散煤体发火预测主要是根据煤氧化放热时产生的气体、温度等参数的变化规律，并根据自然发火数学模型和有关参数模拟煤在实际条件下的自燃过程，掌握巷道松散煤体的氧化自热情况、自燃征兆，对巷道自燃危险性进行预测，并准确地确定巷道火源或高温点位置，从而为制定防治巷道煤炭自燃火灾措施提供依据，提前采取措施，保证工作面正常生产。巷道自然发火观测主要分为掘进和生产两个时期。观测参数主要包括掘进和生产期间巷道的风量、温度、气体浓度，以及松散煤体内部气体成分、温度等。

8.1.1 巷道内观测点布置原则

根据巷道煤层所处位置、松散煤体堆积形态、漏风动力、散热条件等自燃环境特点，按煤巷自燃区域的危险程度，将巷道煤层自燃危险区域分为三类，巷道内的观测点仅需布置在这些地点即可(主要布置在极易自燃区)。

(1)一类自燃区域(极易自燃区)：①煤巷高冒区、顶煤离层区和破碎区；②巷道经过相邻工作面采空区的废弃巷道；③相邻工作面开切眼、停采线或硐室；④煤巷地质构造破坏区(如断层带)；⑤煤巷变坡破碎区。

(2)二类自燃区域(易自燃区)：①煤巷地质构造轴部破碎区；②工作面回采期间煤巷超前变形区。

(3)三类自燃区域(可能自燃区)：①煤巷上帮中部破碎区；②煤巷上帮上部破碎区；③煤巷下帮破碎区。

8.1.2 巷道内日常观测

定期(至少每天一次)采用红外测温仪对巷道冒顶区域、与旧巷相连的区域及其他巷道煤体破碎区域进行扫描，测定巷道表面温度。一旦发现异常，立即采取措施进行处理，同时对该处至少进行每班二次测定煤体温度。在巷道下风侧（回风侧）布置测点，定期检测温度、CO、O_2 和 CH_4 气体情况，预报自燃情况。正常情况下，每班人工检测一次，并记录在表 8-1 中；每周取样进行一次气相色谱分析，并记录在表 8-2 中。

表 8-1　掘进巷道回风流日常观测记录表

记录日期	班次	CO/ppm	CO_2/%	O_2/%	CH_4/%	T/℃	备注

表 8-2　掘进巷道回风流取样气相色谱分析记录表

记录日期	O_2/%	N_2/%	CO/ppm	CO_2/%	CH_4/%	C_2H_6/ppm	C_2H_4/ppm	C_3H_8/ppm	备注

一旦发现异常，必须立即对异常地点进行处理，且同时对巷道下风侧测点至少每班检测二次，并定期（每天至少一次）取气样送至地面进行气相色谱分析。所用仪器仪表主要有红外测温仪，便携式 O_2、CO 测定仪，瓦检仪以及矿用气相色谱仪。

8.1.3　巷道早期预报指标及结果

巷道回风流气体监测预报表见表 8-3，巷道煤体钻孔内气体监测预报表见表 8-4。

表 8-3　巷道回风流气体监测预报表

CO 浓度	C_2H_6	C_2H_4	C_3H_8	C_2H_2	预报结果
无	无	无	无	无	正常
1~24ppm	无	无	无	无	存在自燃隐患
24~50ppm	无	无	无	无	发生自燃隐患
	有	有	无	无	煤温已超过临界温度
>50ppm	有	有	有	无	煤温已超过干裂温度
	有	有	有	有	有高温或明火

表 8-4　巷道煤体钻孔内气体监测预报表

CO 浓度	C_2H_6	C_2H_4	C_3H_8	C_2H_2	预报结果
<24ppm	无	无	无	无	正常
24~200ppm	无	无	无	无	存在自燃隐患
200~500ppm	有	无	无	无	煤温已超过临界温度
	有	有	有	无	煤温已超过干裂温度
>500ppm	有	有	有	有	有高温或明火

8.2　工作面自然发火监测及早期预报

8.2.1　工作面自然发火监测

采用人工检测、束管监测、安全监测和人工采样分析的方法对工作面煤层发火情况进行监测，各种检测应定点、定时，以便于进行分析。

(1) 人工检测。检测地点分别为进风端头风帘后；20#、40#支架后部；回风隅角(支架后部)；工作面回风巷道出口 50m。检测参数：CO、O_2、CO_2、CH_4 和温度。检测仪器：CO 便携仪、CO 检定管、瓦检仪、两用仪和红外测温仪。检测时间：夜班 23:00 和 3:00；早班 7:00 和 13:00；中班 15:00 和 19:00；将检测结果记录在表 8-5 中。

表 8-5　工作面日常观测记录表

日期		班次			时间
地点	进风端头风帘后	20#支架后部	40#支架后部	回风隅角	回风巷道出口 50m
CO/ppm					
CO_2/%					
O_2/%					
CH_4/%					
t/℃					
备注					

(2) 束管监测。检测地点分别为回风隅角(支架后部)、回风流。检测参数：O_2、N_2、CO、CO_2、CH_4、C_2H_6、C_2H_4、C_3H_8。检测设备：束管监测系统。检测时间：正常情况下，每天早班检测两次；工作面异常时，每班检测两次；将检测结果记录在表 8-6 和表 8-7 中。测点调整：每天早班，调整与工作面推进相关的束管监测点的位置。

表 8-6　工作面回风隅角(支架后部)束管监测记录表

分析时间	O_2/%	N_2/%	CO/ppm	CO_2/%	CH_4/%	C_2H_6/ppm	C_2H_4/ppm	C_3H_8/ppm	备注

表 8-7　工作面回风流束管监测记录表

分析时间	O_2/%	N_2/%	CO/ppm	CO_2/%	CH_4/%	C_2H_6/ppm	C_2H_4/ppm	C_3H_8/ppm	备注

(3)安全监测。检测地点分别为工作面上口、回风流。检测参数：CO、CH_4、T。检测设备：安全监控系统。检测时间：实时监测。测点调整：每天早班，调整与工作面推进相关的监测探头的位置。

(4)人工采样分析。采样地点分别为回风隅角(支架后部)和工作面回风巷出口50m。检测参数：O_2、N_2、CO、CO_2、CH_4、C_2H_6、C_2H_4、C_3H_8。检测设备：气相色谱仪。采样时间：正常情况下，每天早班在人工检测的同时，用气囊采集气样两个，送至地面进行色谱分析；对人工检测出现异常的地点，应每班采样两次。将检测结果记录在表8-8和表8-9中。

表 8-8　工作面回风隅角(支架后部)气体采样色谱分析记录表

采样时间	O_2/%	N_2/%	CO/ppm	CO_2/%	CH_4/%	C_2H_6/ppm	C_2H_4/ppm	C_3H_8/ppm	备注

表 8-9　工作面回风巷出口 50m 气体采样色谱分析记录表

采样时间	O_2/%	N_2/%	CO/ppm	CO_2/%	CH_4/%	C_2H_6/ppm	C_2H_4/ppm	C_3H_8/ppm	备注

8.2.2　早期预报指标及结果

回风隅角(支架后部)气体监测预报表见表8-10，回风流气体监测预报表见表8-11。

表 8-10　工作面回风隅角（支架后部）气体监测预报表

CO 浓度	C$_2$H$_6$	C$_2$H$_4$	C$_3$H$_8$	C$_2$H$_2$	预报结果
<24ppm	无	无	无	无	正常
24~200ppm	无	无	无	无	存在自燃隐患
200~500ppm	有	无	无	无	煤温已超过临界温度
	有	有	有	无	煤温已超过干裂温度
>500ppm	有	有	有	有	有高温或明火

表 8-11　回风流气体监测预报表

CO 浓度	C$_2$H$_6$	C$_2$H$_4$	C$_3$H$_8$	C$_2$H$_2$	预报结果
无	无	无	无	无	正常
1~24ppm	无	无	无	无	存在自燃隐患
24~50ppm	无	无	无	无	发生自燃隐患
	有	有	无	无	煤温已超过临界温度
>50ppm	有	有	有	无	煤温已超过干裂温度
	有	有	有	有	有高温或明火

第9章 工作面正常回采时煤自燃防控技术

煤自燃是煤氧化过程自加速的最后阶段，是多种因素共同作用的结果。煤自燃发生的充分必要条件可用图 9-1 表示。通过煤自燃的四个必要条件来看，只要破坏对应的其中一个或多个条件，就能抑制煤自燃的发生。

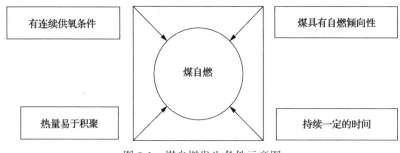

图 9-1　煤自燃发生条件示意图

9.1　堵漏风防治采空区煤自燃技术

9.1.1　采空区增阻堵漏技术原理

采场由工作面和与之相连的采空区组成。一般认为，采空区内的气体处于低雷诺数条件下，流动状态为层流，多采用达西定律来研究采场内气体的流动。通过增加采空区后部风阻 R，减少采空区的漏风量，缩短采空区可能氧化升温带的范围，降低发火的概率。采空区漏风风流所遵守的阻力定律为

$$H_f = P_1 - P_2 = R_f Q^n \tag{9-1}$$

式中，P_1、P_2 为工作面进风、回风的总压(绝对静压、位压与速压之和)，Pa；H_f 为工作面进、回风顺槽压差，Pa；Q 为漏风风量，m^3/s；R_f 为漏风风阻；n 为漏风风流流态的指数，$n=1\sim2$。

由上述定律可以得出，为降低漏风风量 Q 可采用如下几种途径。

(1)当 H_f 不变时，增加漏风风阻 R_f，可使漏风风量 Q 降低。

(2)当 R_f 不变时，可使 P_2 上升，因而 H_f 下降，也可使漏风风量 Q 降低。

(3)当 R_f 不变时，减少 P_1，同样达到 H_f 下降，使漏风风量 Q 降低。

(4)以上方法联合使用。

在工作面两端风压差保持不变的情况下，可通过改变漏风风阻 R_f 调节漏风量，因此，通过增大采空区漏风风阻 R_f，可实现降低采空区的漏风量。

9.1.2　上下顺槽袋墙封堵及参数设计

随着工作面的不断推进，采空区后部两巷被甩入采空区，由于在开采初期，老顶没有来压，采空区后部漏风空间很大，特别是两巷由于煤柱的作用，在距开切眼 0～20m 的范围内，两巷漏风通道可能直达开切眼，同时由于开切眼形成后处于风流的氧化时间比较长，当工作面推进的距离不断增加，采空区的开切眼处氧化条件比较好，所以在工作面形成后，应首先对开切眼进行阻化处理。当工作面推进一定距离后，需要对两巷进行充填堵漏。

以己$_{15}$-31060 工作面为例，随着工作面的回采，在上下顺槽堆砌堵漏墙，堵漏墙可用袋子装填矸石或沙土进行堆砌，袋子之间用矸石或沙土充填。每间隔 10m 堆砌一座，厚度 0.6m，宽度为巷道宽度，从而增加采空区后部漏风风阻。堵漏墙在工作面上下顺槽的封堵如图 9-2 所示。

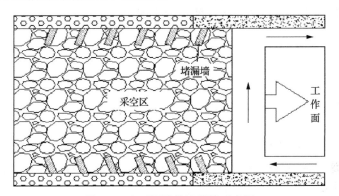

图 9-2　上下顺槽袋墙封堵示意图

9.2　喷洒阻化液预防采空区自然发火技术

阻化剂防灭火是近年来逐渐推广并得到广泛应用的矿井防灭火技术。它是将阻止煤氧化自燃的化学药剂制成溶液喷洒在煤壁、采空区浮煤上或压注入煤体内，起到隔氧阻化作用。同时，这些吸水性能很强的盐类能降低煤中水分的蒸发速度，使煤体长期处于含水潮湿状态，当水蒸发时吸热降温作用使煤体在低温氧化过程中温度不能升高，起到抑制煤自燃、延长自然发火期的作用。

9.2.1　常用矿用阻化剂分析

目前，矿用阻化剂种类繁多，主要有以下种类。

(1)卤盐吸水阻化剂。这类阻化剂主要是一些吸水性很强的无机盐类,如 $CaCl_2$、$MgCl_2$ 和 $NaCl$ 等。这些组分具有很强的吸水性,能使煤长期处于潮湿的状态,或形成水膜层隔绝 O_2。水汽化时吸热降温,减小了煤堆的升温速率,从而在一定程度上抑制了煤的自燃。

(2)铵盐水溶液阻化剂。氯化铵和磷酸氢二铵水溶液具有优良的吸湿性能,在自燃初期水分蒸发起到明显的降温作用,抑制了煤自热的升温速率,而且能够捕获煤氧化链反应中的自由基,遏制煤的低温氧化。

(3)粉末状阻化剂。已使用的该类阻化剂有碳酰二胺(尿素)、硼酸二胺、磷酸二铵、氯化铵、氨基甲酸酯等。该类阻化剂能够阻止煤氧化自由基链反应,但其在高温下会分解形成 NH_3、CO_2,为煤堆(层)提供了惰性气体,从而降低了氧化速率,但会进一步恶化工作环境。

(4)氢氧化钙阻化剂。高硫煤易自燃的主要原因在于黄铁矿的水解氧化反应。因此对于高硫煤应首先选择能中断或阻碍黄铁矿氧化反应的阻化剂。只要能抑制这类氧化产物的生成就能有效降低高硫煤的氧化速率。氢氧化钙阻化液能中断高硫煤的自催化反应,对高硫煤阻化的化学作用如下:

$$FeS_2 + H_2O + 7/2O_2 \Longrightarrow FeSO_4 + H_2SO_4$$

$$Ca(OH)_2 + H_2SO_4 \Longrightarrow CaSO_4 + 2H_2O$$

$$Ca(OH)_2 + FeSO_4 \Longrightarrow CaSO_4 + Fe(OH)_2$$

$$3Ca(OH)_2 + Fe_2(SO_4)_3 \Longrightarrow 3CaSO_4 + 2Fe(OH)_3$$

由于反应产物 $CaSO_4$ 是难溶物质,$Fe(OH)_2$ 和 $Fe(OH)_3$ 是胶状物质,具有很好的包裹覆盖和填充作用,它们与未反应的 $Ca(OH)_2$ 在黄铁矿表面形成轻水性膜,覆盖煤体表面活性中心,减少了反应物分子之间的有效碰撞机会,增大氧扩散传质的阻力,使氧化反应受到抑制。

(5)硅凝胶。硅凝胶的主要成分为水玻璃和固化剂。先将水玻璃和固化剂分别配成一定浓度的水溶液,在注浆或喷洒前进行混合,经一定时间后凝固成凝胶。硅酸凝胶可封闭煤中孔隙,隔断漏风通道,使空气不能浸入煤体中。胶体中,硅和氧形成的共价键骨架呈立体网状空间结构,水填充在硅氧骨架之间,由于水与硅氧骨架之间具有较强的分子间力和氢键,胶体不能流动。同时成胶反应的产物 NH_3 具有稀释空气中 O_2 浓度和降低氧化反应速率的作用。凝胶是高含水材料,注入后使煤含水量显著升高,起到降温作用,从而预防煤自燃。胶体灭火技术兼有降低煤温度和堵漏风两种作用,是一种较好的灭火技术。

(6)复合阻化剂。海藻类水解的天然聚合物既作为黏附剂又作为表面覆盖剂,在其水溶液中配以阴离子表面活性剂，加入阻止自由基链反应的阻化剂(铵盐)，形成 DDS 系列复合水溶液阻化剂，既能够覆盖煤表面活性中心，又能捕获煤氧化链反应中的自由基，实质性地提高了自燃阻化效果。该阻化剂还具有高效无毒和阻化成本低的特点，使阻化煤能够抵抗风化氧化，较长时期保持高的热值。

9.2.2　阻化剂选择

阻化剂选择要满足以下条件：①原料来源广泛，价格便宜，制备、使用方便，不会大幅增加采煤成本；②对人、设备及正常生产无影响；③具有较好的渗透性和附着性；④阻化率高，阻化寿命长。经过对多种阻化剂的研究和筛选，结果表明水玻璃($Na_2O \cdot nSiO_2$)、氢氧化钙($Ca(OH)_2$)、纯碱(Na_2CO_3)、小苏打($NaHCO_3$)、盐类($CaCl_2$、$MgCl_2$)等阻化剂对煤样在空气下氧化有明显的抑制作用和降低煤氧化活性的作用。

以上阻化剂的可选性分析如下：①水玻璃的阻化率最高，但水玻璃模数 n 严格要求在 1～2 之间，且水玻璃的成本较高，水玻璃需要量较大，如选择使用水玻璃将大幅度增加吨煤成本。②氢氧化钙成本较低，阻化率较高，但由于氢氧化钙溶解度小，与水混合后易形成固液混合物，会对泵和封孔器等产生破坏作用，而且一般来说固体微粒的粒径大于煤体孔隙，所以易出现堵塞现象，影响喷洒或注液效果。③纯碱(Na_2CO_3)、小苏打($NaHCO_3$)、盐类($MgCl_2$、$CaCl_2$)溶解度大，在水中常温常压下的溶解度可以满足喷头喷洒或注液要求，来源广，成本低。图 9-3 是四种阻化剂的溶解度曲线图。

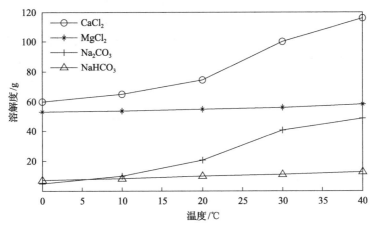

图 9-3　四种阻化剂的溶解度曲线图

根据前述综合分析和矿井实际情况，选用在水中有较高溶解度、来源广泛、经济成本低的 $CaCl_2$，作为喷洒或注入己$_{15}$-31060 工作面的阻化剂。

9.2.3　喷洒阻化液防灭火系统的选择

目前我国煤矿常用阻化剂防灭火系统有永久式、半永久式和移动式三种喷洒压注系统。

(1)永久式：在地面建立永久性的储液池，铺设一条管道到采煤工作面上下口。利用静压或泵加压进行喷洒或压注，适用于井下范围小，采煤工作面距地表较浅的矿井。

(2)半永久式：在采区上下山或硐室内设置储液池和注液泵，从注液泵出口到采煤工作面上、下口铺设管道，阻化液从储液池经加压泵输送到工作面平巷，经喷洒软管和喷枪喷洒在采空区浮煤上；或经软管、注液钻孔，压注于煤体或发热区，可为一个采区或一个区域服务。

(3)移动式：储液箱和注液泵安装在平板车上，放置在采煤工作面的平巷中，距工作面 30m 左右，经输液管路将阻化剂输送到工作面进行喷洒。该系统工艺简单、施工快、投资小、机动性大。

考虑到半永久和永久性喷洒压注系统需建储液池且需要铺设较长的喷洒管路，从而有耗资大、建设周期长等缺点，因此己$_{15}$-31060 工作面选用移动式喷洒压注系统，该系统工艺简单、施工快、投资小、机动性大。

9.2.4　阻化液喷洒工艺设计

喷洒阻化液设备：自制两个搅拌水箱，每个搅拌水箱容积在 $1m^3$ 左右，阻化液喷洒泵和水箱都安装在平板车上，接通工作面的供水管路按比例加足清水，配成溶液搅拌均匀后，用阻化液喷洒泵将阻化液沿顺槽和支架铺设(每 20m 安装一个三通接一个截止阀)Φ25mm 高压胶管压至工作面，与 Φ13mm 胶管和喷枪相连。一台泵配一支喷枪，由专人手持喷枪，从支架间隙向采空区喷洒(图 9-4)。

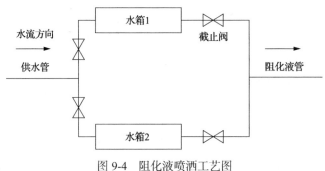

图 9-4　阻化液喷洒工艺图

喷洒阻化液所用的搅拌水箱放在工作面进风巷适当位置。从工作面下隅角到

上隅角接一趟 $\Phi25mm$ 的高压胶管，每隔 15m 留一个三通(带阀门)，并将高压管吊挂在工作面液压支架支柱上，高压胶管随工作面推进前移。工作面支架每推进一排，对工作面采空区侧浮煤进行一次全断面喷洒阻化液，如遇停产、过断层、收尾等情况时，必须对采空区加大喷洒频率。

按所需浓度将工业 $CaCl_2$ 倒入一个水箱中，加足清水，搅拌均匀后，阻化剂溶液的浓度要保持在 20% 左右，以达到最佳防灭火效果。工作面喷洒阻化液流程，如图 9-5 所示。

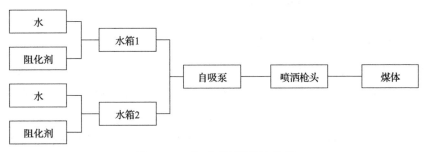

图 9-5　工作面喷洒阻化液流程

9.2.5　确定阻化液喷洒泵参数

阻化设备必须符合中华人民共和国煤炭行业标准《煤矿防灭火用阻化剂通用技术条件》(MT/T 700—2019)。结合现场条件，本设计选用 WH-24 阻化剂喷射泵两台，该泵具有体积小、重量轻、移动方便等特点，具体参数如下。

(1)额定压力：1～2.5MPa。

(2)最大射程：15m。

(3)额定流量：11～40L/min。

(4)功率：3kW。

(5)电压：660V。

该配套设备能够满足己$_{15}$-31060 工作面喷洒阻化液防灭火的设计要求。

9.2.6　喷洒阻化液防灭火的注意事项

(1)为保证阻化液防灭火效果，必须严格按比例进行配制，确保阻化率达到设计要求，配制时对溶液先进行充分搅拌，待其完全溶于水后，方可进行喷洒工作。

(2)喷洒工作开始前，应预先打开阻化液喷枪开关，使阻化液喷枪处于常开状态。在各项准备工作完成后方可接通电源开关，由低压力开始启动泥浆泵，待系统运转正常后再把压力调至所需压力，开始正常喷洒工作。每天工作结束前，必须用清水继续喷洒数分钟，以便对泥浆泵、管路及喷枪进行清洗。

(3)工作面上下隅角、开切眼和停采线附近等重点防火区域，或当工作面遇到复杂地质情况，推进度放慢时，要适当加大阻化液的喷洒量和次数，提高该处的阻化效果。

(4)要保持煤体湿润，防止因煤中水分减少到一定限量时阻化作用停止而转变为催化作用，为节省费用，可以通过多次喷水保持环境具有较高的湿度来延长阻化寿命。

(5)为保证阻化液防火的有效性，应结合气体监测系统，定期检查工作面及采空区气体成分，同时观测温度、湿度和漏风量。

9.2.7 喷洒阻化液的安全技术措施

(1)喷洒阻化液的作业人员必须站在顶板支护完好和上风侧方向的区域。

(2)喷洒阻化液的人员需加强自身的个体防护，如戴手套、戴可视面罩等，在喷洒过程中应对机械设备及支架等金属构件进行遮盖或采取其他防护措施；喷洒完后应检查是否有液体溅到金属构件上，若有应及时擦掉，可有效减少喷洒阻化液带来的危害。

(3)喷洒阻化液作业前，必须认真检查管路和设备连接处的完好，防止漏液危害作业人员和污染作业环境。

(4)喷洒阻化液作业后，必须及时对管路及设备进行彻底清洗，防止阻化液损坏设备及管路。

9.3 注氮防控采空区自然发火技术

9.3.1 注氮防灭火机理与作用

氮气防灭火的实质是向采空区氧化升温带内或火区内注入一定流量的氮气，充满整个空间，具有正压、驱氧、冷却作用。其作用原理如图 9-6 所示，具体作用如下。

1. 消除瓦斯爆炸的危险

由混合气体爆炸理论可知，混合气体中 O_2 浓度低于 12%时就有减小爆炸的可能性，O_2 浓度低于 10%时混合气体的爆炸危险性显著降低，O_2 浓度控制在 5%以下时几乎能防止任何爆炸。从这一理论出发，向火区注入 N_2 后使 O_2 浓度降低，只要 O_2 浓度低于 10%就能大大减少爆炸的可能性。O_2 浓度降到 10%或 3%以下，即可达到防火、灭火和抑制瓦斯爆炸的目的。

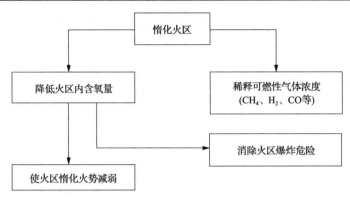

图 9-6　注氮防灭火机理与作用示意图

2. 减少漏风作用

采空区漏风是煤自然发火的主要原因之一。对于封闭或半封闭的采空区，注入 N_2 后增加了空间内混合气体的总量，能够减少封闭区内外的压力差，从而起到减少封闭区外部向内部漏风的作用。

3. 降温作用

有内因火灾的采空区，其温度大于外界温度。当采用 N_2 灭火时，N_2 的温度均低于火区的气体温度，加之 N_2 在注入火区后流动范围大，对采空区有明显的降温作用。

4. 防止煤的自热和自燃

若煤矿生产工作面采空区氧化升温带内的漏风量不足以带走煤氧化产生的热量，则煤温就逐渐升高。当温度达到煤的临界温度以上，氧化急剧加快，产生大量热量，煤温迅速升高，达到煤的着火温度时便进入自燃状态。向工作面采空区氧化升温带内注入一定流量的 N_2，降低该带内的 O_2 浓度，破坏煤炭自燃的一个要素，使其 O_2 浓度降到煤自燃临界值以下，达到防止煤自燃的目的。

5. 降低燃烧强度

当煤矿井下发生火灾时，向火区内注入一定流量(大于漏风量)的 N_2，使该区内的 O_2 浓度由 21%逐渐降低到 10%以下，甚至 3%以下，大火就逐渐自熄。

9.3.2　注氮工艺及参数设计

根据矿井具体条件，可选择采用如下注氮工艺。

(1)埋管注氮。在工作面的进风侧沿采空区埋设一条注氮管路，当埋入一定深度后开始注氮(一般为15～45m),同时又埋入第二趟注氮管路(注氮管口的移动步距通过考察确定),当第二趟注氮管口埋入采空区氧化升温带与散热带的交界部位时向采空区注氮,同时停止第一趟管路的注氮,并重新埋设注氮管路,如此循环,直至工作面采完为止。

(2)拖管注氮。在工作面的进风侧沿采空区埋设一定长度(其值由考察确定)的厚壁钢管作为注氮管,它的移动主要利用工作面的液压支架,工作面运输机头、机尾或工作面进风巷的回柱绞车作牵引,注氮管路随着工作面的推进而移动,使其始终埋入采空区内的一定深度。

(3)钻孔注氮。在地面向井下火灾或火灾隐患区域打钻孔,通过钻孔套管(全套管)将氮气注入防灭火区。利用工作面消火道或与工作面相邻的巷道,向采空区或火灾隐患区域打钻孔注氮。

(4)插管注氮。工作面开切眼、停采线或巷道高冒顶火灾,可采用向火源点直接插管的注氮方式进行注氮。

(5)密闭注氮。利用密闭墙上预留的注氮管向火灾或火灾隐患的区域实施注氮。

(6)旁路式注氮。采用双进风巷的工作面,可利用与工作面平行的巷道,在其内向煤柱打钻孔,将氮气注入采空区。

根据现场条件,设计己$_{15}$-31060工作面回采过程中埋管注氮的注氮工艺,如图9-7所示。

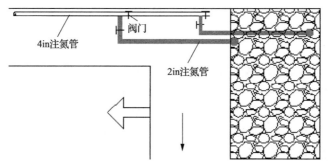

图9-7　工作面注氮管路

在工作面的进风侧沿煤壁埋设一趟4in钢管作为主注氮管路,之后从4in注氮管路上引出2in钢管作为支注氮管路,当2in注氮管路埋入采空区氧化升温带与散热带的交界部位时开始注氮,同时又埋入第二趟2in注氮管路(注氮管口的移动步距通过考察确定),当第二趟2in注氮管路埋入采空区氧化升温带与散热带的交界部位时向采空区注氮,此时停止第一趟2in注氮管路的注氮,并重新埋设2in注氮管路,如此循环,直至工作面采完为止。

9.3.3　防火注氮参数设计

1. 选择注氮方式

国内外的防火注氮方式分为连续注氮和间歇注氮。连续注氮的方法为：从工作面开始回采就注氮，一直到工作面撤架完毕停氮，这种方式适合于工作面采空区发火较严重，而且工作面推进度又慢的工作面。间歇注氮的方法为：在工作面出现发火征兆时开始注氮，一般用于自然发火不严重的工作面。虽然连续注氮的可靠性最高，但由于每注 1d 的氮气，就需花费大量的电费，考虑到煤层的自燃倾向性，建议己$_{15}$-31060 工作面防火注氮方式选用间歇注氮。

2. 注氮防火时机

注氮时机选择至关重要，过早注氮可能造成不必要的浪费，增加注氮防火防爆的成本；过晚注氮可能造成工作面采空区发火，影响安全生产，失去注氮防火的意义。因此应正确把握注氮时机，在火区快速恶化之前并确保瓦斯浓度在爆炸下限之下进行。如果火区气体浓度已在爆炸范围内，则应停止一切行动，转移到安全地点，再根据具体情况实施注氮或封闭措施。

间歇注氮防火成败的关键是要制定合理的防火注氮时机，并严格按此注氮时机注氮。根据煤层自然发火特点，制定以下防火注氮时机。

(1) 当工作面上隅角出现一氧化碳，其浓度向上递增，达到 24ppm 时，必须立即注氮防火；当其浓度波动变化，只需达到 24ppm 时，也必须立即注氮防火。

(2) 当工作在回采过程未达到合理防火推进度时，即工作面旬推进度<12m，或月推进度<36m 时，必须及时注氮，一直注到工作面推进度大于或等于防火合理推进度时停止注氮。

(3) 工作面测温地点的温度出现下列情况时必须立即注氮防火：45℃≤采空区温度<70℃，或 40℃≤上隅角温度<45℃。

(4) 撤架时，只要进入采空区氧化升温带与窒息带交界处的煤炭达到发火期，无论工作面是否有发火征兆，均应及时注氮防火。

(5) 巷道高温煤放入采空区时，必须立即注氮，一直注到将高温煤甩入窒息带。

3. 合理注氮流量分析

注氮流量是注氮防火的重要工艺参数之一。注氮流量过大，采空区的氮气会大量泄漏，可能使工作地点缺氧，造成浪费；注氮流量过小，则不能有效地惰化采空区内的散热带和氧化升温带，达不到防止遗煤自然发火的目的。因此在确定最佳注氮流量时，既要考虑防火要求，又要考虑减少采空区氮气的泄漏量，降低注氮防火成本，并满足工作面的含氧量不低于 20% 的要求，分析如下。

1) 采空区进、回风侧及工作面上隅角 O_2 浓度与注氮流量的关系

注入采空区内的氮气会使采空区内及工作面上隅角 O_2 浓度降低, 图 9-8 为某工作面不同注氮流量时采空区进风侧距工作面 15m 处的 O_2 浓度和采空区回风侧距工作面 1m 处及工作面上隅角的 O_2 浓度变化规律。

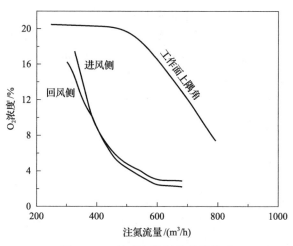

图 9-8　O_2 浓度与注氮流量的关系

根据国内外注氮防火经验, 采空区中 O_2 浓度降低到 5%～10%能够防止采空区内的煤自然发火。由图 9-8 可知, 采空区进、回风侧 O_2 浓度随着注氮流量的增大而减小, 如果注氮流量大于 380m³/h 时可使采空区进、回风侧 O_2 浓度降到 10%以下, 可满足防火要求; 如果注氮流量大于 500m³/h 会使工作面上隅角 O_2 浓度低于 20%, 因此注氮流量选择 380～500m³/h。

2) 采空区内氮气泄漏量与注氮流量的关系

采空区内氮气泄漏量随着注氮流量的增大而增大, 图 9-9 为某工作面不同注氮流量时采空区内氮气泄漏量的变化规律。

由图 9-9 可知, 当注氮流量为 300～500m³/h 时, 采空区内氮气泄漏量基本保持不变, 因此单独考虑减少采空区内氮气泄漏量因素, 注氮流量可选择为 300～500m³/h。

综上所述, 在考虑减少采空区中氮气泄漏量, 有效惰化采空区内的散热带和氧化升温带以及满足防火要求条件下, 最佳注氮流量可选择为 300～500m³/h, 根据己$_{15}$-31060 工作面现场注氮效果, 可适当提高或降低注氮流量。

4. 合理注氮位置选择

氮气释放口距工作面距离也是注氮防火的重要工艺参数之一。氮气释放口距工作面过近, 氮气流程短, 泄漏量大, 易造成工作面上隅角 O_2 浓度过低, 而且不

利于采空区后部含氧量的降低；氮气释放口距工作面过远，则不利于惰化采空区。因此在确定氮气释放口距工作面的距离时，既要考虑防火要求，又要考虑减少采空区内氮气泄漏量，降低注氮防火成本，并满足工作面上隅角 O_2 浓度不低于 20% 的要求。图 9-10 表明了氮气释放口距工作面不同距离时采空区回风侧 1m 深处 O_2 浓度的变化规律及工作面上隅角 O_2 浓度的变化规律。

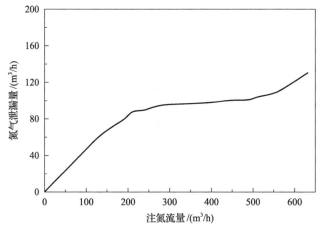

图 9-9　氮气泄漏量与注氮流量的关系

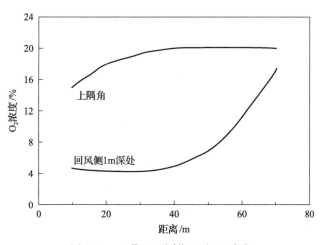

图 9-10　工作面不同位置处 O_2 浓度

由图 9-10 可知，当氮气释放口距离工作面 15m 时，工作面上隅角 O_2 浓度为 17%，这说明不仅采空区氮气泄漏量大，而且使工作面上隅角 O_2 浓度过低，满足不了《煤矿安全规程》的规定。只有当氮气释放口距离工作面 20～55m 时，即能保证工作面上隅角 O_2 浓度为 20% 的要求，又能保证采空区 O_2 浓度降到较低浓度，满足防火要求。结合实验工作面煤自燃 "三带" 的考察结果，己 15-31060 工作面注氮口暂定为进风侧距离工作面 35m，根据注氮效果此距离可适当增减。

9.3.4　制氮装置型号及参数

根据以上分析，选择 DM-600 煤矿用移动式膜分离制氮装置作为已$_{15}$-31060 工作面的制氮装置，该装置由空压机段、空气预处理段及膜分离段组成，分体组装在矿用平板车上，三段之间的气路用高压胶管连接，电控系统由橡套电缆连接，从而构成制氮装置。该制氮装置具有体积小、安装移动方便、性能可靠、操作简单等优点，其工作环境要求和技术参数见表 9-1。

表 9-1　工作环境要求和技术参数

	环境温度	0～40℃
	大气压力	80～106kPa
	相对湿度	≤95%（25℃时）
工作环境要求	供水条件	流量≥20m³/h（单台空压机的水量），水质为无腐蚀性、无杂质的工业用水
	通风条件	通风良好，矿尘较小，无积水、无滴水的专用硐室内，或者在较为洁净的巷道内。工作环境的有害气体应符合《煤矿安全规程》的规定
DM-600 煤矿用移动式膜分离制氮装置	产氮量	0～600m³/h，增加或减少膜组件数量，就可改变产氮量
	氮气纯度	≥97%
	氮气压力	≥0.8MPa
技术参数	电机功率	220kW
	额定电压	1140V 或 660V
	轨距	600mm 或 900mm

9.3.5　注氮防灭火惰化指标

为保证注氮防灭火的有效性，必须对注氮区域采取局部均压或区域性均压，并采取严格的堵漏措施以及有效的火灾监测，使火区的漏风量降到最低限度。目前评价注氮防灭火的惰化指标如下。

（1）采空区惰化防火 O_2 浓度指标不大于煤自燃临界 O_2 浓度 8%。

（2）惰化灭火 O_2 浓度指标不大于 5%。

（3）惰化抑制瓦斯爆炸 O_2 浓度指标小于 12%。

此外注氮防灭火期间，应对其效果进行考察，内容包括：工作面采空区注氮防火，注氮后采空区煤自燃"三带"的变化；注氮量、注氮扩散半径、注氮口移动步距等参数。

9.3.6 注氮防灭火安全技术措施

注氮防灭火期间还应采取以下安全技术措施。

(1)在注氮过程中,工作场所的安全 O_2 浓度不得低于 18.5%,否则停止作业并撤除人员,同时降低注氮流量或停止注氮,或增大工作场所的通风量。

(2)注氮设备的管理人员和操作人员,须经理论培训和实际操作培训,考试合格才能上岗,以保证设备的正常使用。

(3)采空区进行注氮防火或对火区进行注氮灭火时,应编制相应的安全技术措施,并经矿总工程师审批后方可实施。

(4)采用注氮防灭火的矿井应建立注氮设备的操作规程、工种岗位责任制、机电设备维检规程、注氮防灭火管理暂行规定等规章制度。

第10章 工作面停采撤架期间煤自燃防控技术

工作面停采撤架期间，采空区氧化升温带内的浮煤有较长时间氧化升温，当升温时间超过煤的自然发火期后，采空区浮煤就会自燃。因此，为了防止工作面停采撤架期间采空区煤自然发火，除了采取正常回采时的自燃预防技术外，还需要对工作面停采撤架时氧化升温带内的浮煤提前采取防火措施，从而使浮煤进入氧化升温带后氧化速度降低，防止采空区煤自然发火。

10.1 工作面煤体预注阻化液防治煤自燃技术

由于停采撤架时，工作面回采速度变慢，从而使得采空区氧化升温带浮煤氧化时间增长，利用喷洒阻化液工艺对采空区的浮煤进行惰化效果较差，为了防止停采撤架时采空区氧化升温带内的浮煤自燃，需要在停采撤架前对采空区氧化升温带内的煤体提前预注阻化液，该方法采用短孔注入技术将阻化液注入煤体，使其浸入煤的层理、节理、裂隙和孔隙中，当煤体被开采破坏散落后，其破碎煤体与外界空气的接触面上也会存在一层阻化液膜，从而在物理作用和化学作用下阻止煤与氧接触，达到防止煤氧化自燃的目的。

10.1.1 煤体预注阻化液钻孔布置及参数

1. 工作面中部煤体钻孔布置及参数设计

根据工作面现场条件，选择短孔注入技术把阻化液注入停采区域抑制浮煤自燃。阻化液短孔注入技术即在采煤工作面垂直煤壁或与煤壁斜交打钻孔，将阻化液以注水方式注入煤层中，根据煤层厚度考虑打一排孔还是两排孔。煤层较厚时，在高度上打两排钻孔，如图 10-1 和图 10-2 所示。

其中底部钻孔采用煤电钻机垂直煤壁打眼，钻孔高 1.2m，孔径 42mm，孔深大约 6m，孔间距 5m；上部钻孔与煤壁斜交向上打孔，钻孔高 1.8m，与采煤方向的夹角为 24°，孔径 42mm，孔深约 6.5m。为防止工作面两端煤壁片帮，工作面两个端头各留 10m 不打钻孔注阻化液。

2. 进回风巷预注阻化液钻孔布置及参数设计

工作面回采后，上下进回风巷采空区浮煤较多，因此停采撤架时需要对上下进回风巷区域提前预注阻化液，提前预注距离根据采空区煤自燃"三带"的范围确定，钻孔布置如图 10-3 所示。

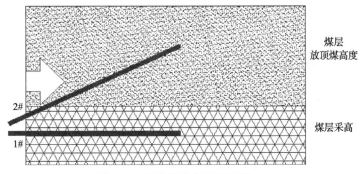

图 10-1　注液钻孔高度剖面图

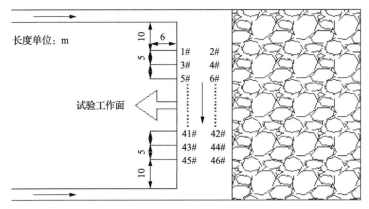

图 10-2　工作面注液钻孔俯视图

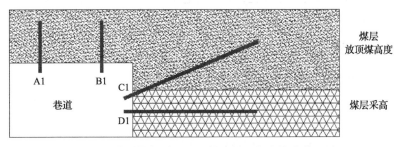

图 10-3　停采撤架时进回风巷预注阻化液钻孔布置图

其中 A1、B1 钻孔垂直于巷道顶板向上打钻，钻孔深度 1.5m，B1 离煤壁的距离为 3m，A1 与 B1 之间的距离为 3m。D1 钻孔高 1.2m，垂直于煤壁，钻孔深度 6m，C1 钻孔高 2m，斜角于煤壁，仰角为 22°，钻孔深度 6.5m。

10.1.2 阻化液注液系统设计

为了在进回风侧同时进行预注阻化液，需要在进风巷和回风巷分别制作一套阻化液注液系统，如图 10-4 所示。注液系统由乳化液泵（含压力泵、水箱、压力表、安全阀、溢流阀等）、高压钢丝胶管、双功能高压水表、高压橡胶自动封孔器组成，放在进风巷中。

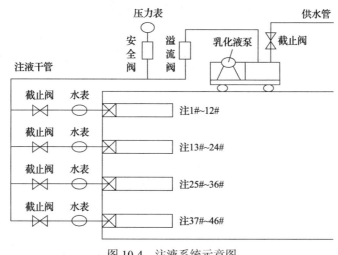

图 10-4　注液系统示意图

封孔采用橡胶快速封孔器，封孔器长 1m，封孔深度 1m，即封孔器外端距煤壁 1m。把工作面的钻孔分成 4 组，一个 BRW-200/31.5 乳化液泵担负 4 组注液，第一组为 1#~12#，第二组为 13#~24#，第三组为 25#~36#，第四组为 37#~46#。检修班用 4 部煤电钻机打注液孔，1 部煤电钻机 1 个组，这样就能保证每个注液孔有充足的注液时间。

10.1.3 注阻化液设备

注阻化液设备参数如下。

（1）煤层注液泵型号：BRW-200/31.5 乳化液泵，电机功率为 125kW，电压为 660V 或 1140V。

（2）高压胶管：吸水管型号 KJR32，长度 200m，排水管型号 KJR19，长度 800m。

（3）高压压力表 6 块，量程不小于 15MPa。

（4）带快速接头的截止阀 14 只，直径 32mm 的 7 只，直径 19mm 的 7 只。

（5）直径 19mm 的快速接头若干，每个注液孔焊接一个。

（6）KHYD-75 钻机 6 台，要求能打 75mm 的钻孔。

(7)煤层注液封孔器型号：MZF-Φ65/10 和 MZF-Φ65/8 型煤层注液用水压式封孔器若干；煤层注液封孔器直径 65mm。

10.2　防控煤自燃的三元泡沫复配方案及抑制效果

10.2.1　三元泡沫复配方案

泡沫自应用于矿井煤自燃防控以来，逐渐被认为是一种能够高效扑灭矿井火灾的灭火技术，应用也日益普及。当泡沫用于扑灭浅层煤火或抑制煤自燃时，通常需要考虑的两个重要指标是发泡倍数和 25%析液时间，因此设定 25%析液时间为 150s 且发泡倍数大于 30 倍作为优选依据。

本节以低碳醇调控的 LS-99/SDS 泡沫体系为基剂，开展三元泡沫复配方案及对煤自燃抑制效果研究，泡沫配方见表 10-1。经测试该复配方案的泡沫发泡倍数为 52.5 倍，25%析液时间为 210s，满足上述要求。

表 10-1　泡沫配方中各组分占比

组分	SDS	LS-99	异丁醇	尿素	APP	乙二醇	乙二醇丁醚	水
浓度/%	0.1	0.1	0.1	0.3	0.15	0.3	0.03	98.92

10.2.2　泡沫对煤自燃过程的影响

1. 热重实验设备及方法

煤样热重实验采用 STA449C 型同步热分析仪进行，如图 5-1 所示，方法见第 5 章。

2. 煤样处理方法

实验煤样来自平煤二$_1$煤层，结合前人实验方案，设定煤样与泡沫液质量比为 1：1，煤样与泡沫液均匀混合后封闭容器，浸泡 24h 后进行干燥，获得泡沫液浸泡煤样。分别在空气、氮气氛围中进行原煤及泡沫液浸泡煤样的热重实验，模拟空气泡沫、氮气泡沫作用下煤自燃过程，获得煤样在空气氛围、空气泡沫及氮气泡沫作用下的煤自燃参数，对比不同条件下质量损失、特征温度等参数，分析泡沫液对煤自燃的影响。

3. 基于质量损失的煤自燃抑制效果分析

煤样在空气氛围、空气泡沫、氮气泡沫作用下的 TG 曲线如图 10-5 所示，对 TG 曲线进行微分可获得对应的 DTG 曲线。基于前人研究成果，在实验温度范围内，可将空气氛围及空气泡沫作用下的 TG 曲线划分为 5 个阶段，分别为失水失重阶段、吸氧增重阶段、热解失重阶段、燃烧失重阶段和燃尽结束阶段；可将氮气泡沫作用下煤样 TG 曲线划分为 4 个阶段，分别为失水阶段、脱气阶段、热解阶段及缩聚阶段，详细阶段划分如图 10-6 所示。

观察图 10-5 和图 10-6 发现，在空气泡沫作用下，煤自燃各阶段终点温度相较于空气氛围均向高温区偏移，说明空气泡沫对煤自燃各阶段具有较强的抑制作用，延缓或阻止煤自燃过程的进行。煤样在氮气泡沫作用下，在实验温度范围（20℃～800℃）内未出现恒重阶段，说明煤中可燃有机质在氮气泡沫作用下未能完

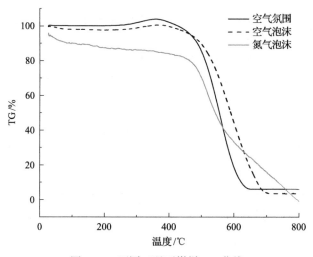

图 10-5　不同工况下煤样 TG 曲线

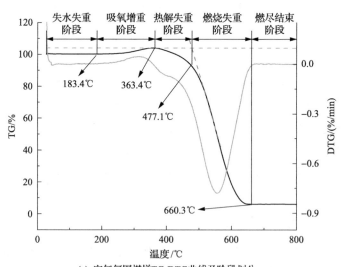

(a) 空气氛围煤样TG-DTG曲线及阶段划分

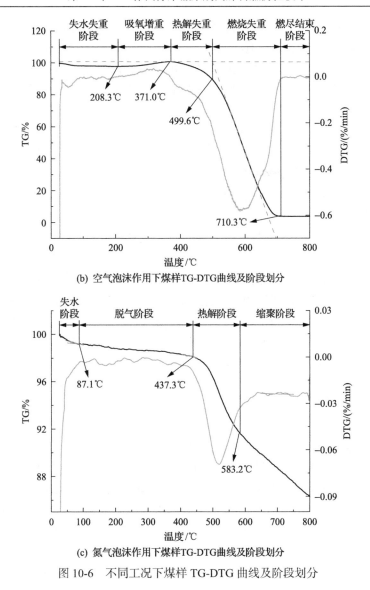

(b) 空气泡沫作用下煤样TG-DTG曲线及阶段划分

(c) 氮气泡沫作用下煤样TG-DTG曲线及阶段划分

图10-6　不同工况下煤样 TG-DTG 曲线及阶段划分

全裂解，且在实验终止温度下煤样残余质量远超空气泡沫作用下煤样残余质量。此外需说明的是，由于泡沫作用下泡沫组分的热分解及泡沫液对煤表面结构的改变，空气泡沫作用下燃尽结束阶段煤样残余质量略小于空气氛围中煤样残余质量。

由图 10-6(a)可知，空气氛围下，煤样吸氧增重阶段温度范围为 183.4～363.4℃，煤与氧气反应生成络合物,质量变化率为3.83%。热解失重阶段温度范围为363.4～477.1℃，煤样质量损失速率逐渐增大，煤样在终点温度开始燃烧，质量变化率为11.25%。燃烧失重阶段温度范围为 477.1～660.3℃，煤样燃烧造成质量快速下降，质量变化率为 86.72%，之后进入燃尽结束阶段，煤样质量保持在 13.28%。

由图 10-6(b)可知，空气泡沫作用下煤样在吸氧增重阶段、热解失重阶段和燃烧失重阶段的温度范围分别为 208.3～371.0℃、371.0～499.6℃和 499.6～710.3℃，质量变化率分别为 2.95%、-11.07%和-85.81%，燃尽结束阶段煤样质量为 14.19%。

由图 10-6(c)可知，氮气泡沫作用下煤样在失水阶段、脱气阶段、热解阶段的终点温度分别为 87.1℃、437.3℃、583.2℃，各阶段的质量变化率分别为-0.81%、-1.09%和-6.46%。煤样的失重现象主要发生在热解及缩聚阶段，TG 曲线快速下降，实验终止时煤样质量为 86.26%。

由图 10-6(a)和(b)可知，相较于空气氛围，空气泡沫作用下吸氧增重、热解失重、燃烧失重等各个阶段的终点温度分别延后 6.7℃、22.5℃和 50.0℃，吸氧增重阶段的质量变化率从 3.83%降低到 2.95%，氧气吸附量的减少能够显著降低煤的燃烧剧烈程度。空气氛围和空气泡沫作用下热解失重阶段和燃烧失重阶段的质量变化相差不大，但反应的温度区间有所增大。热解失重阶段的反应温度区间由空气氛围下的 113.7℃扩大为空气泡沫作用下的 129.5℃，燃烧失重阶段的反应温度区间由空气氛围下的 183.2℃扩大为空气泡沫作用下的 210.7℃。同时反应的最大失重速率由空气氛围下的 0.78%/min(对应温度 557.6℃)降到空气泡沫作用下的 0.58%/min(对应温度 584.5℃)。基于反应温度区间和最大失重速率的对比可知，空气泡沫作用下能够明显延缓和降低煤氧反应的剧烈程度，对煤自燃具有明显抑制作用。

由图 10-6(b)和图 10-6(c)可知，在达到实验终止温度前，空气泡沫作用下煤样残余质量达到平衡值，残余质量为 3.81%，氮气泡沫作用下煤样质量在实验末期仍在减少，终止温度下煤样残余质量为 86.26%。氮气泡沫作用下煤样热解阶段起始温度由 363.4℃提高至 437.3℃，质量变化率由 11.07%降低至 6.46%，质量变化率降低幅度达到 41.64%。空气泡沫作用下煤样质量变化率峰值在燃烧阶段出现，温度点为 584.5℃，最大值为 0.58%/min，质量变化率峰值相较于空气氛围下降低了 25.64%。氮气泡沫作用下煤样质量变化率峰值出现在热解阶段，最大值为 0.0693%/min，相较于空气泡沫作用下质量变化率峰值降低了 88.05%。根据反应残余质量、质量变化率峰值判断，氮气泡沫对煤自燃过程的抑制效果强于空气泡沫。

4. 基于活化能指标的煤自燃抑制效果分析

不同工况下煤自燃过程中各阶段的活化能的计算结果见表 10-2。为方便对比，将空气氛围、空气泡沫作用下 TG 曲线依次分为阶段 1～阶段 4，氮气泡沫作用下各阶段依次分为阶段 1～阶段 4。

分析表 10-2 可知，相同阶段，空气泡沫作用下煤样各阶段活化能均大于空气氛围中对应阶段的活化能，说明泡沫对煤自燃过程具有抑制能力，但对各阶段的抑制能力不同。相较于空气氛围下煤自燃过程各阶段的活化能，空气泡沫作用下对失水失重、吸氧增重、热解失重和燃烧失重阶段活化能的增大幅度分别达到33.97%、16.20%、3.48%和10.91%，对失水失重和吸氧增重阶段发挥主要抑制作用。相较于空气氛围，氮气泡沫作用下对阶段 1～阶段 4 活化能的增幅分别为50.96%、3.63%、31.90%和9.64%。相较于空气泡沫，氮气泡沫作用下阶段 1～阶段 4 活化能变化幅度分别为12.68%、–10.82%、27.46%和–1.14%。对比发现，氮气泡沫主要对阶段 1 和阶段 3 发挥抑制作用，且在该阶段对活化能的提升能力强于空气泡沫。

表 10-2　不同工况各阶段活化能及指前因子

工况	阶段 1		阶段 2		阶段 3		阶段 4	
	$E/(kJ/mol)$	A	$E/(kJ/mol)$	A	$E/(kJ/mol)$	A	$E/(kJ/mol)$	A
空气氛围	31.2	0.30×10^2	71.6	4.75×10^2	120.7	1.22×10^5	134.8	5.36×10^4
空气泡沫	41.8	1.24×10^3	83.2	3.02×10^3	124.9	1.55×10^5	149.5	1.87×10^5
氮气泡沫	47.1	1.97×10^4	74.2	1.76×10^2	159.2	5.77×10^5	147.8	1.92×10^4

对阻化率的评价主要有以下三种方式：阻化剂使用前后 CO、CO_2 释放量；氧化增重阶段活化能变化率；阻化剂对羟基、过氧化物的清除率。热重实验在煤样分析方面的应用日益增多，通过热重实验对阻化率的评价指标仅有氧化增重阶段活化能的变化，评价指标较为单一，现通过煤自燃全过程活化能变化率，对泡沫的阻化性能进行评价，为后续研究提供方案。

表 10-3 为空气泡沫相较于空气氛围，氮气泡沫相较于空气泡沫作用下各阶段活化能增大幅度。结合活化能在全过程的变化幅度，以全过程活化能增大幅度作为综合阻化率，对不同气体驱动泡沫的阻化能力进行评价。计算发现，空气泡沫对空气氛围下煤自燃过程的综合阻化率达到64.56%，氮气泡沫相较于空气泡沫对综合阻化率的提升幅度达到28.18%。说明空气泡沫、氮气泡沫均对煤自燃过程具有较好的抑制作用，且氮气泡沫的抑制能力强于空气泡沫。

表 10-3　泡沫作用对煤自燃过程的综合阻化率　　　　（单位：%）

工况	阶段 1 阻化率	阶段 2 阻化率	阶段 3 阻化率	阶段 4 阻化率	综合阻化率
空气泡沫	33.97	16.20	3.48	10.91	64.56
氮气泡沫	12.68	−10.82	27.46	−1.14	28.18

5. 基于吸放热效应的煤自燃抑制效果分析

根据空气氛围、空气泡沫、氮气泡沫作用下煤自燃过程的 DSC 数据，绘制不同工况下的 DSC 曲线，如图 10-7 所示。对 DSC 曲线进行积分，可获得煤样在吸热、放热过程的热量值，以空气氛围下煤样的吸放热情况为基准，从吸放热角度分析泡沫对煤自燃过程的影响。

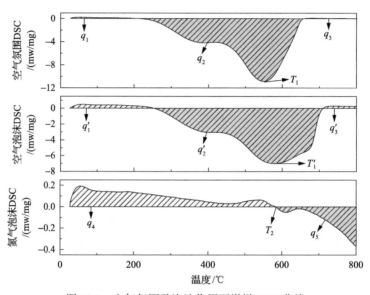

图 10-7　空气氛围及泡沫作用下煤样 DSC 曲线

观察图 10-7 发现，空气氛围及空气泡沫作用下煤样 DSC 曲线可分为三个阶段，包含 2 个吸热阶段和 1 个放热阶段，吸热量与放热量分别用 $q_1 \sim q_3$ 表示，T_1 表示 DSC 曲线峰值出现的温度。氮气泡沫作用下仅有 1 个吸热阶段和 1 个放热阶段，吸热量、放热量分别用 q_4 和 q_5 表示，T_2 为 DSC 值为 0 的温度点。表 10-4 为空气氛围、空气泡沫、氮气泡沫作用下吸放热量及特征温度点。

对比空气氛围及空气泡沫作用下煤样数据发现，空气泡沫对煤自燃过程具有抑制作用。在吸热阶段，空气泡沫作用下吸热量从 24.8J/g、11.6J/g 增大至 78.3J/g 和 22.7J/g，增大幅度分别为 215.7% 和 95.7%，增大了反应进行的难度。在放热阶段，放热量从 2080.7J/g 降低至 1765.4J/g，降低幅度为 15.2%。净放热量由 2044.3J/g 降低至 1664.4J/g，降低幅度为 18.58%，降低了煤自燃的破坏性。空气泡沫作用下 DSC 曲线峰值出现的温度从 550.0℃ 延后至 580.3℃，DSC 曲线峰值从 10.8mw/mg 降低至 7.0mw/mg，降低幅度达 35.2%。空气泡沫通过提高吸热阶段吸热量，降低放热过程放热量，降低 DSC 曲线峰值等方式抑制煤自燃过程。氮气泡沫作用下煤自燃过程为吸热过程，净吸热量为 25.7J/g，且放热温度点达到 583.2℃，相较于空气氛围及空气泡沫作用，煤自燃过程需不断地补充热量，无法自发完成，氮气泡沫对煤自燃的抑制能力强于空气泡沫。

表 10-4　不同工况下煤样的吸放热量及特征温度点

工况	吸热量 q_1/(J/g)	放热量 q_2/(J/g)	吸热量 q_3/(J/g)	DSC 曲线峰值/(mW/mg)	T_1/℃
空气氛围	24.8	−2080.7	11.6	−10.8	550.0
空气泡沫	78.3	−1765.4	22.7	−7.0	580.3

工况	放热量 q_4/(J/g)	吸热量 q_5/(J/g)	T_2/℃
氮气泡沫	−51.3	25.7	583.2

10.3　无机固化发泡充填堵漏防灭火技术

工作面撤架完成后，需对两巷进行密闭，后期两巷密闭受地应力作用后会产生漏风通道，造成采空区煤自然发火。为了控制漏风，通常用可堆积发泡充填堵漏防灭火材料对进回风巷道两道密闭之间进行充填，该材料具有良好的抗压性，当受到地应力作用时，该材料可以保持密闭完好不漏风，从而防止采空区内部煤炭自燃。

10.3.1　可堆积无机固化发泡充填堵漏防灭火材料

可堆积无机固化发泡充填堵漏防灭火材料的原料主要包括：PO42.5 普通硅酸盐水泥、复合发泡剂、稳定剂、速凝剂、减水剂、其他辅料等。无机发泡材料凝固后的效果如图 10-8 所示。复合发泡剂是用特定的成分经过加工、变形、合成后得到的一种无污染的强力发泡剂，具有良好的发泡能力，为中性，与水

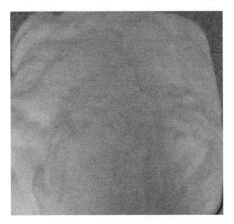

图 10-8　无机发泡材料凝固后的效果图

有很好的亲和性，能在无机胶凝材料浆体中产生大量的气泡，气泡相互独立并均匀分布在浆体中，形成大量封闭的孔隙。所以，这种注浆充填材料具有良好的充填效果。

复合发泡剂的主要原料为动物蛋白质油和植物油，无论是对生产者，还是使用者，以及环境都不会产生任何副作用。其溶剂为水，具有不燃性能。高性能复合发泡剂由合成表面活性剂、动物蛋白表面活性剂、稳定剂、增黏剂复合而成，其基本组成见表 10-5。

表 10-5　高性能复合发泡剂的基本组成

成分	合成表面活性剂	动物蛋白表面活性剂	稳定剂	增黏剂
组成/%	60	36	3	1

高性能复合发泡剂具有以下特点。

(1)泡沫稳定性。发泡剂所制取的泡沫，其液膜坚韧，机械强度好，不易在浆体挤压下破灭或过度变形，长时间不破灭，不易形成连通孔。

(2)泡沫均匀性。泡沫的泡径均匀，在 0.1～1mm。

(3)泌水率。泡沫的泌水率低，更好地保证了泡沫中的气泡数量和无机发泡密闭材料内部的气孔率与低容重。

(4)对无机胶凝材料的副作用小。无机胶凝材料是无机发泡材料强度的主要来源，本发泡剂所制取的泡沫加入无机胶凝材料后，不会降低无机发泡材料的强度。

高性能复合发泡剂的物化性能指标见表 10-6。

表 10-6　高性能复合发泡剂的物化性能指标

检验项目	指标	测试结果
外观	无色或浅色黏稠液体	浅色黏稠液体
pH	7.0 ± 0.5	7.1
容重/(kg/dm^3)	1.15 ± 0.05	1.13
环保指标/(g/dm^3)	挥发性有机物≤50	15
游离甲醛/(g/kg)	≤1	0.3
苯/(g/kg)	≤0.2	0
甲苯+二甲苯/(g/kg)	≤10	0

10.3.2　可堆积无机固化发泡材料的技术指标

可堆积无机固化发泡材料具有以下技术性能。

（1）发泡倍数 3～8 倍。

（2）适用温度≥5℃。

（3）失去流动性时间为 10～20min，凝固时间为 20～60min。

（4）发泡材料密度低，重量轻，根据发泡倍数的不同，密度可控制在 250～900kg/m³。

（5）发泡材料膨胀性适中，充填严密。

（6）对易发火区域充填覆盖效果好，质量高，充填材料与浮煤之间具有优良的润湿、附着性能。

（7）材料不燃性能好，充填材料为不燃材料制成，具有优良的防灭火性能，符合《煤矿安全规程》要求。

（8）抗压、抗拉强度高，抗压强度为 0.3～0.6MPa，充填强度达到防火要求，无漏气、渗水现象。

（9）充填施工速度快、方便，凝固时间可控。

10.3.3　施工装备

可堆积无机固化发泡材料搅拌注浆机为具有搅拌制浆、发泡及输送功能的组合式发泡注浆机。采用的施工设备及工具情况见表 10-7。

表 10-7　施工设备及工具情况

序号	设备名称	单位	数量	设备参数	用途
1	发泡机	台	1	电机电压 380V，功率 3.0kW，压力 0.8～1.3MPa，流量为 0.6～1.0m³/min	发泡剂发泡
2	搅拌机	台	1	电机电压 380V/660V，功率 1.5kW	混合搅拌制浆
3	皮带输送机	台	1	电机电压 380V/660V，功率 1.1kW；上料量 50～200kg/min	输送固料
4	浆体输送泵	台	1	电机电压 380V/660V，功率 3.0kW，压力为 0.8～1.3MPa，流量为 0.1～0.3m³/min	输送料浆
5	无盖铁皮（塑料）桶	个	2	容积 0.2m³	盛放液体
6	高压胶管	m	待定	内径 ϕ51mm，两端带快速或者螺纹接头，长度根据泥浆泵与钻孔之间的距离确定，直径由注浆管和泥浆泵出口直径决定	两头分别与泥浆泵出口和注浆管连接
7	冲击电钻	台	1		
8	管钳	把	1	600mm	
9	活动扳手	把	2	200mm，80mm，40mm	

续表

序号	设备名称	单位	数量	设备参数	用途
10	平头老虎钳	把	1		
11	螺丝刀	把	2	十字，一字	
12	配件			内径ϕ70mm 钢丝塑料管 2～2.5m；快速接头 2 个，直径与搅拌机进水口和注浆机进气口直径相同；阀门 2 个，直径与搅拌机进水口和注浆机进口直径相同	

　　泡沫剂、压气、泵送、电气、监控、操作控制系统集成在一起，设备可快速拆装，方便运输和现场应用。本装置可根据预定的配比精确控制材料各组分，通过阀门和流量计监测、计量。产品运输到现场并组装后，用管路将两部分连接即可使用，如图 10-9 所示。

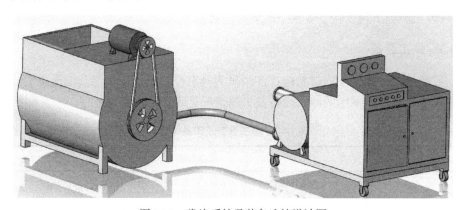

图 10-9　发泡系统及装备连接设计图

　　(1)搅拌机。先把搅拌机放置于平整坚硬的地面上，并在搅拌机的 4 个角下方分别放 1 块结实的方木块支撑搅拌机，要求支撑稳定，防止搅拌机在运转时发生震动。搅拌机驱动电机电源线接至控制电源箱内控制搅拌机的三相接线柱上，用 70mm 钢丝塑料管把搅拌机的出浆口接至输浆机的进浆口上。

　　(2)皮带机。把皮带机架设于搅拌机搅拌筒一侧，使皮带的下料前端基本位于搅拌机搅拌轴的正上方。把皮带机驱动电机电源线接至控制电源箱内控制皮带机的三相接线柱上，把现场的水源胶管与搅拌机的加水口连接。

　　(3)发泡机、输浆机。先把发泡机、输浆机放置于平整坚硬的地面上，发泡机、输浆机的 4 个角下方分别放 1 块结实的方木块支撑机器，要求支撑稳定，防止设备运转时机器发生震动。把发泡机、输浆机的电源线接至施工现场的总电源箱的控制器上，要求控制器容量≥100A。

（4）发泡剂稀释桶。放在发泡输浆机旁边，稀释用水从搅拌机的进水管由三通接至发泡剂稀释桶，发泡机的吸液管放入稀释桶中。

（5）发泡剂原液（原浆）。放于发泡剂稀释桶旁边，方便往稀释桶中添加原液。

10.3.4　操作流程

机器安装完毕后打开电源总开关，接通电源送电，然后逐一打开皮带机、搅拌机、输浆机和发泡机电源开关，逐个检查每个系统运转是否正常以及电机的正反转。

（1）搅拌机：打开搅拌机电源后，搅拌机应该正向运动（即按链条盒上标注方向运转），否则，重新调整搅拌机电源接线，使搅拌机正向运行。

（2）皮带机：打开皮带机电源后，皮带机皮带应该正向运动（上层皮带向搅拌机一侧（即向上）运动），否则，重新调整皮带机电源接线，使皮带正向运行。

（3）输浆机：打开输浆机电源后，输浆机应该正向运动（即按输浆机的吸浆方向运转，吸浆口一端（下端）的滚轮向内运动），否则，重新调整输浆机电源接线，使输浆机正向运行。

（4）发泡机：发泡机的气泵和液体加压泵为活塞式的前后压缩运动，无正反转之分，无须调整电机的反转。

（5）上述四步检验调试工作完成以后，把发泡剂吸液管放入发泡剂稀释桶中，开动发泡机电源开关，使发泡机开始工作，检查发泡机产泡情况，若发泡剂吸液管不吸液，则打开发泡筒旁边的排气阀进行排气，当排气阀中开始排出发泡剂液体时，关闭排气阀，即可从泡沫排出口（或从混合筒出口）排出泡沫，则机器检查全部结束，开始进行施工作业。

（6）浇筑模板支护：按照设计和施工要求进行浇筑模板支护，要求浇筑模板支护牢固，无缝隙，如有缝隙，应在模板内侧衬防渗布，防渗布边缘应有一定的压边，一般压边宽度为 100mm。

（7）缝隙填缝堵漏：模板与巷道两帮之间连接处的缝隙应用水泥或者快速密闭材料进行堵漏处理，以防止浇筑过程中出现跑浆现象。

（8）机器检查：开机前首先检查机器，使所有开关和阀门处于关闭状态。

（9）发泡剂溶液的配制：取发泡剂原液 2kg 和工业食盐 20kg 加入铁皮桶中，用 200kg 水稀释至使用的浓度。

（10）泡沫的制备：把压缩空气调节阀门缓缓打开，使泡沫体出口压力适中；打开发泡剂溶液压缩机，缓缓打开发泡液调节阀门，使从泡沫体出口喷出的泡沫饱满细腻，待泡沫调节好后，关闭泡沫体出口阀门。

(11)水泥浆的制备：打开搅拌机电源开关，在搅拌筒中加入水，加入适量的水泥，控制水泥与水的比例为 1：0.7～1：0.9，使水泥与水均匀混合，水泥浆体的稠度以不堵塞输送系统的管路为宜。

(12)无机发泡材料的制备：打开输送系统的进气调节阀门，使输送泵工作；再打开搅拌机上水泥浆出口阀门和泡沫体进入混合器的阀门，使水泥浆进入输送泵中进行压缩，并使泡沫体和水泥浆在混合器中混合，然后泡沫水泥浆通过输送管路浇筑到模板中。

(13)待注浆结束后，用清水依次清洗搅拌机、注浆机和输送管路，待输送管出口流出的水为清水时，结束清洗。

10.3.5　施工材料及施工工艺

施工材料主要包括 PO42.5 普通硅酸盐水泥、复合发泡剂、稳定剂、速凝剂、减水剂、其他辅料等。

现场需配备工作人员 5 人。其中，加料工 1 人，设备操作工 1 人，注浆管安装工 1 人，电工 1 人，现场协调人员 1 人。选择需要堵漏的实验地点，构筑如图 10-10 和图 10-11 所示的密闭墙浇筑模板。

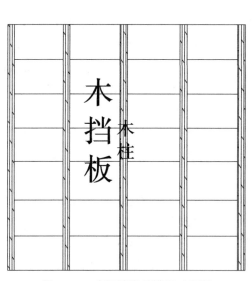

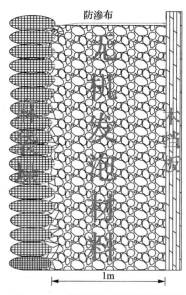

图 10-10　密闭墙浇筑模板正视图　　　　图 10-11　密闭墙浇筑模板侧视图

按照图 10-12 所示的施工工艺进行现场浇筑。密闭墙注浆的技术参数根据实验巷道的具体情况而定。

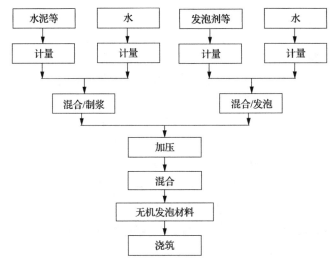

图 10-12　可堆积无机固化发泡充填堵漏防灭火材料的施工工艺

10.3.6　质量保证措施

(1)强度及干密度必须按照设计要求结合实验室实验所得的配比进行施工。

(2)施工过程中泡沫的损失量必须通过管道输送高度进行计算,并在浇筑时对浇筑管道口进行再次检测、取样。

(3)浇筑过程中要避免有跑浆、漏浆现象发生。

(4)严格控制注浆时间,做好后期的维护工作。

(5)现场负责人把工作的重点放在抓管理、提高工程质量上,通过各种形式加强对员工的教育,不断提高工作责任心和质量意识。

(6)实验前,技术负责人组织项目研究人员认真学习和阅读项目实施方案及有关规范,并针对本项目制定的方案、规定达成共识,了解和掌握项目研究内容及研究计划,组织好项目实施方案的预审和会审。

(7)制订需求量控制计划,对分部分工项研究设定质量目标,以分项设定目标的逐项实现来保证质量控制计划的落实。

(8)针对项目的技术重点和施工难点,组织调研和讨论,编制详细研究步骤,严格按要求施工,确保项目质量。

(9)在研究过程中坚持开展"自检、互检、专检",并做好实验测试、数据分析、数据审核,对每个分项、工序必须经过验收合格后,方可进行下一步研究。此外,项目质量管理严格执行三阶段控制质量程序,即事前控制、事中控制、事后控制,通过三阶段控制,确保项目质量控制始终处于监控状态。

10.3.7　安全措施

(1)认真贯彻"安全第一,预防为主,综合治理"的安全生产方针,根据国家有关规定、条例,结合施工单位实际情况和工程的具体特点,组成专职安全员和班组兼职安全员以及现场安全用电负责人参加安全生产管理网络,严格执行安全生产责任制,明确各级人员的职责,抓好工程的安全生产。

(2)施工现场的临时用电严格按照《施工现场临时用电安全技术规范》的有关规范规定执行。

(3)所有人员进入工地必须着装工作服、戴好安全帽,配料及上料人员作业时还必须戴好口罩,处于高危作业时,施工人员必须系好安全带方可施工。

(4)注浆管路应畅通,不得有堵塞现象,避免浆体突然喷出伤人,注浆管路不使用时要及时注压清水冲洗干净。

(5)将施工场地和作业限制在工程建设允许的范围内,合理布置、规范围挡,做到标牌清楚、齐全,各种标识醒目,施工场地整洁文明。

(6)设立专用排浆沟、集浆坑,对废浆、污水进行集中,认真做好无害化处理,从根本上防止施工废浆乱流。

(7)优先选用先进的环保机械,确保施工噪声在允许值以下,同时尽可能避免夜间施工。

参 考 文 献

[1] 国家统计局. 中华人民共和国 2020 年国民经济和社会发展统计公报[J]. 中国统计, 2021, 471(3): 8-22.

[2] 丁百川. 我国煤矿主要灾害事故特点及防治对策[J]. 煤炭科学技术, 2017, 45(5): 109-114.

[3] 梁运涛, 侯贤军, 罗海珠. 我国煤矿火灾防治现状及发展对策[J]. 煤炭科学技术, 2016, 44(6): 1-6, 13.

[4] 翟成. 近距离煤层群采动裂隙场与瓦斯流动场耦合规律及防治技术研究[D]. 徐州: 中国矿业大学, 2008.

[5] 姚建, 田冬梅. 矿井灾害防治[M]. 北京: 煤炭工业出版社, 2012.

[6] 尹义超. 东欢坨矿九煤层采空区自然发火规律研究[D]. 廊坊: 华北科技学院, 2019.

[7] 董绍朴, 刘剑, 李艳昌, 等. 基于主成分分析法的东荣一矿煤层自然发火指标气体实验研究[J]. 矿业安全与环保, 2019, 46(2): 1-5.

[8] Chen X X, Bi R Q, Huang J J, et al. Experimental study on early prediction index gas for spontaneous combustion[J]. Energy Sources, Part A: Recovery, Utilization, and Environmental Effects, 2020, 81(18): 62-66.

[9] 王海涛, 刘永立, 沈斌, 等. 长焰煤自燃指标气体特征分析[J]. 煤炭技术, 2021, 40(11): 167-170.

[10] Xu Q, Yang S Q, Tang Z Q, et al. Free radical and functional group reaction and index gas CO emission during coal spontaneous combustion[J]. Combustion Science and Technology, 2018, 190(5): 12-15.

[11] Liu W, Qin Y. A quantitative approach to evaluate risks of spontaneous combustion in longwall gobs based on CO emissions at upper corner[J]. Fuel, 2017, 210(6): 87-89.

[12] 赵晓虎, 孙鹏帅, 杨眷. 应用于煤自燃指标气体体积分数在线监测系统[J]. 煤炭学报, 2021, 46(S1): 319-327.

[13] 谭波, 邵壮壮, 郭岩, 等. 基于指标气体关联分析的煤自燃分级预警研究[J]. 中国安全科学学报, 2021, 31(2): 33-39.

[14] 郭军, 金彦, 王帆. 基于 Logistic 回归分析的煤自燃多级预警方法研究[J]. 中国安全生产科学技术, 2022(2): 1-6.

[15] 王福生, 岳志新, 郭立稳. 煤炭自然发火标志气体的灰色关联分析[J]. 安全与环境学报, 2006(S1): 73-75.

[16] 崔洪义, 王振平, 王洪权. 煤层自然发火早期预报技术与应用[J]. 煤矿安全, 2001(12): 16-18.

[17] 邓军, 徐精彩, 阮国强, 等. 国内外煤炭自然发火预测预报技术综述[J]. 西安矿业学院学报, 1999, 20(4): 293-297.

[18] 陈洋, 王伟. 采空区自燃火灾预报方法与监测新技术[J]. 煤矿安全, 2021, 52(8): 118-122.

[19] 袁树杰. 用火灾指标及热电偶测温法分析采空区煤炭自燃[J]. 煤矿安全, 2001, 64(5): 7-9.

[20] 秦波涛, 李增华. 利用 SF_6 气体测定矿井漏风技术[J]. 河北煤炭, 2002, 23(1): 1-2.

[21] Zhai X, Wang T, Li H, et al. Determination and predication on three zones of coal spontaneous combustion at fully-mechanised working face with nitrogen injection[J]. International Journal of Oil, Gas and Coal Technology, 2019, 22(3): 45-49.

[22] 余明高, 常绪华, 贾海林, 等. 基于 Matlab 采空区自燃 "三带" 的分析[J]. 煤炭学报, 2010, 35(4): 600-604.

[23] 贾海林, 翟晨光. 采空区煤自燃 "三带" 空间分布特性研究[J]. 能源与环保, 2017, 253(1): 1-6.

[24] 赵钢波, 刘宝军, 董雅梅. 基于低温氧化产物的煤自燃倾向性快速测定方法[J]. 煤炭科技, 2020, 41(4): 151-154.

[25] 金永飞, 史雷波, 郑学召. 基于红外技术的水分对煤自燃倾向性影响的研究[J]. 煤炭技术, 2017, 36(7): 143-145.

[26] 陈欢, 杨永亮. 煤自燃预测技术研究现状[J]. 煤矿安全, 2013, 44(9): 194-197.

[27] 高峰, 王文才, 李建伟, 等. 浅埋煤层群开采复合采空区煤自燃预测[J]. 煤炭学报, 2020, 45(S1): 336-345.

[28] 赵向军, 李文平, 于礼山, 等. 开采煤层自燃倾向性的自组织神经网络预测[J]. 西安矿业学院学报, 1998, 62(4): 304-307, 331.

[29] 王福生, 张志明, 孙超, 等. 煤的组成与结构对自燃倾向性的影响研究[J]. 煤炭技术, 2019, 38(8): 75-77.

[30] Liu C Y, Zhang L L. Study on distribution law of spontaneous combustion 'three zones' in goaf of fully mechanized mining face with large mining height[J]. Iop Conference Series: Earth and Environmental Science, 2019, 46(25): 89-92.

[31] Zhao Y, Chen C H, He F, et al. Research on 'three zones' of goaf spontaneous combustion with U+L ventilation[J]. Applied Mechanics and Materials, 2014, 3342(598): 287-290.

[32] Ma X F, Deng J, Zhang X H. A New method to quantitatively partition three zones of coal spontaneous combustion based on key parameters[J]. Advanced Materials Research, 2013, 2695(807): 457-462.

[33] 余明高, 晁江坤, 贾海林. 综放面采空区自燃"三带"的综合划分方法与实践[J]. 河南理工大学学报(自然科学版), 2013, 32(2): 131-135, 150.

[34] Gao K, Liu J, Geng X, et al. Numerical simulation on danger zone for spontaneous combustion in goaf at fully-mechanized caving face[J]. International Journal of Earth Sciences and Engineering, 2016, 9(5): 36-39.

[35] 尚秀廷, 秦宪礼, 姜春光, 等. 东荣三矿综一轻放面采空区渗流数值模拟及煤自燃"三带"划分[J]. 煤矿安全, 2009, 40(3): 43-45.

[36] 杨胜强, 徐全, 黄金. 采空区自燃"三带"微循环理论及漏风流场数值模拟[J]. 中国矿业大学学报, 2009, 38(6): 769-773, 788.

[37] 谢军, 薛生. 综放采空区空间自燃三带划分指标及方法研究[J]. 煤炭科学技术, 2011, 39(1): 65-68.

[38] 宋万新, 杨胜强, 徐全. 基于氧气体积分数的高瓦斯采空区自燃"三带"的划分[J]. 采矿与安全工程学报, 2012, 29(2): 271-276.

[39] Xie Z, Cai J, Zhang Y. Division of spontaneous combustion "three-zone" in goaf of fully mechanized coal face with big dip and hard roof[J]. Procedia Engineering, 2012, 43(53): 157-160.

[40] He X, Zhang R, Pei X, et al. Numerical simulation for determining three zones in the goaf at a fully-mechanized coal face[J]. Journal of China University of Mining & Technology, 2008, 18(2): 199-203.

[41] Tan B, Shen J, Zuo D, et al. Numerical analysis of oxidation zone variation in goaf[J]. Procedia Engineering, 2011, 26(97): 56-60.

[42] 张辛亥, 万旭, 许延辉. 厚煤层分层开采采空区自燃"三带"规律及防治研究[J]. 煤炭科学技术, 2016, 44(10): 24-28.

[43] 杨朔. 袁店二矿 7_2 煤自燃预测预报与采空区自燃"三带"范围研究[D]. 淮南: 安徽理工大学, 2019.

[44] 任强. 昌恒矿综放采空区自燃"三带"划分及综合防灭火技术研究[D]. 廊坊: 华北科技学院, 2020.

[45] 胡锦涛, 刘泽功. 基于 FLUENT 对银洞沟 110201 综采工作面采空区自燃"三带"的数值模拟[J]. 煤炭技术, 2021, 40(8): 111-115.

[46] Pan R K, Lu C. Distribution regularity and numerical simulation study on the coal spontaneous combustion 'three zones' under the ventilation type of ventilation type of y + J[J]. Procedia Engineering, 2011, 26(68): 124-128.

[47] Wei D, Du C, Lei B, et al. Prediction and prevention of spontaneous combustion of coal from goafs in workface: a case study[J]. Case Studies in Thermal Engineering, 2020, 21(17): 47-50.

[48] 万磊, 孙茂如, 赵吉诚, 等. 近距离煤层复杂采空区漏风规律及防控技术研究[J]. 中国矿业, 2022, 31(1): 114-120.

[49] 刘红威, 刘树锋, 陈黎明, 等. 切顶沿空留巷采空区自燃带分布特征及喷涂堵漏防灭火技术[J]. 采矿与安全工程学报, 2014, 88(74): 1-12.

[50] 张志伟. 注浆堵漏技术在井下防水中的应用研究[J]. 山东煤炭科技, 2021, 39(2): 171-172, 184, 187.

[51] 贾宝山, 尹彬, 林立峰, 等. 堵漏技术在无煤柱开采防火中的应用[J]. 火灾科学, 2012, 21(1): 35-39.

[52] 夏仕柏. 新庄孜矿粉煤灰注浆技术的应用[J]. 煤矿安全, 2004(12): 18-20.

[53] 刘鑫, 肖旸, 邓军, 等. 粉煤灰灌浆防灭火材料性能研究与应用[J]. 煤炭工程, 2011(5): 119-121.

[54] 杨平, 梁国栋, 于贵生, 等. 粉煤灰胶体隔离控制技术在花山矿复杂火区中的应用[J]. 煤矿安全, 2020, 51(8): 82-86.

[55] 赵建会, 张辛亥. 矿用灌浆注胶防灭火材料流动性能的实验研究[J]. 煤炭学报, 2015, 40(2): 383-388.

[56] 邓军, 刘磊, 任晓东, 等. 粉煤灰动压灌浆防灭火技术[J]. 煤矿安全, 2013, 44(8): 64-66, 72.

[57] 戴明颖. 浅埋深易自燃煤层火区注浆灭火技术[J]. 煤矿安全, 2021, 52(3): 112-116, 121.

[58] 赵东霞. 无机防灭火注浆在综放工作面自燃灾害防治中应用[J]. 能源技术与管理, 2020, 45(5): 55-57.

[59] 彭荣富, 万祥云, 贾炳, 等. 五虎山煤矿 010910 工作面复合采空区注浆防灭火效果分析[J]. 煤矿安全, 2020, 51(4): 133-136.

[60] 王龙飞, 王海. 古书院煤矿矸石山注浆加固与灭火技术[J]. 煤矿安全, 2019, 50(3): 65-68.

[61] 任万兴, 郭庆, 左兵召, 等. 近距离易自燃煤层群工作面回撤期均压防灭火技术[J]. 煤炭科学技术, 2016, 44(10): 48-52, 94.

[62] 华海洋. 自然发火矿井采空区均压防灭火技术应用[J]. 煤炭工程, 2020, 52(12): 76-79.

[63] 张九零, 朱壮, 范洒源, 等. 均压通风技术防治综放工作面 CO 浓度超限研究[J]. 中国矿业, 2019, 28(2): 117-120.

[64] 蒋东晖. 均压灭火监测技术在六道湾煤矿的应用[J]. 西安科技大学学报, 2004(4): 409-411, 421.

[65] 李舒伶, 王树刚, 刘剑. 采场均压防灭火模型试验研究[J]. 煤炭学报, 1999(2): 41-44.

[66] 张存江, 赵博生. 矿井角联风路均压防灭火技术应用[J]. 煤炭科学技术, 2013, 41(5): 76-78.

[67] 张卫亮, 张春华. 矿井角联通风卸压式均压通风防灭火技术[J]. 矿业安全与环保, 2017, 44(6): 59-61, 65.

[68] Kong H S, Kang K S. Synthesis of polyaluminum hydroxide on silica spheres for effective fire retardant[J]. Advances in Polymer Technology, 2018, 37(8): 3574-3578.

[69] 张辛亥, 丁峰, 张玉涛, 等. LDHs 复合阻化剂对煤阻化性能的试验研究[J]. 煤炭科学技术, 2017, 45(1): 84-88.

[70] Zhou K Q, Gao R, Qian X D. Self-assembly of exfoliated molybdenum disulfide (MoS2) nanosheets and layered double hydroxide(LDH): Towards reducing fire hazards of epoxy[J]. Journal of Hazardous Materials, 2017, 338: 343-355.

[71] 郭翔宇. 儿茶素抑制煤自燃的机理研究[D]. 天津: 天津理工大学, 2020.

[72] 肖旸, 吕慧菲, 任帅京, 等. 咪唑类离子液体抑制煤自燃特性的研究[J]. 中国矿业大学学报, 2019, 48(1): 175-181.

[73] Qin B, Dou G, Wang Y, et al. A superabsorbent hydrogel-ascorbic acid composite inhibitor for the suppression of coal oxidation[J]. Energy Weekly News, 2017, 190(2): 129-135.

[74] 焦庚新. 防治煤自燃抗氧化型微胶囊化阻化剂研究[D]. 徐州: 中国矿业大学, 2020.

[75] 邓钟. 煤矿防灭火凝胶泡沫的形成机理及阻化性能研究[D]. 湘潭: 湖南科技大学, 2019.

[76] 余明高, 张晓刚, 于水军. 高吸水树脂的制备及防灭火特性试验[J]. 煤炭科学技术, 2008(9): 43-46.

[77] 聂士斌, 邢时超, 韩超, 等. 防治煤矿火灾的凝胶材料制备及其性能研究[J]. 中国安全科学学报, 2020, 30(9): 115-120.

[78] Ren X F, Hu X M, Cheng W M, et al. Study of resource utilization and fire prevention characteristics of a novel gel formulated from coalmine sludge（MS）[J]. Fuel, 2020, 267: 117261.

[79] Li S L, Zhou G, Wang Y Y, et al. Synthesis and characteristics of fire extinguishing gel with high water absorption for coal mines[J]. Process Safety and Environmental Protection, 2019, 125: 207-218.

[80] 蒋磊. 阻化剂防灭火技术在东周窑矿 8300 工作面的应用[J]. 内蒙古煤炭经济, 2014, 189（11）: 153-154.

[81] 钟建勇, 邓文华. 凝胶阻化剂防灭火技术在 3109 工作面的应用[J]. 江西煤炭科技, 2010, 126（2）: 7-8.

[82] 郑学召, 吴佩利, 张嬿妮, 等. 气化灰渣凝胶制备及其对煤自燃阻化性能研究[J]. 煤矿安全, 2022, 53（1）: 24-30.

[83] Hansen R. Delivery of inert gas through a vertical borehole using inert gas generator: a theoretical study[J]. International Journal of Mining Science and Technology, 2020, 30（4）: 501-510.

[84] 文虎, 徐精彩, 葛岭梅, 等. 采空区注氮防灭火参数研究[J]. 湘潭矿业学院学报, 2001（2）: 15-18.

[85] 阮增定, 邹剑明, 周春山. 惰性气体在高瓦斯矿井大面积火灾中的应用[J]. 煤矿安全, 2013, 44（2）: 125-127.

[86] 韩兵, 杨宏伟, 高宏, 等. 复合惰性气体采空区自然发火防治技术[J]. 煤矿安全, 2019, 50（3）: 73-76.

[87] 李宗翔, 刘宇, 王政, 等. 九道岭矿采空区注 CO_2 防灭火技术数值模拟研究[J]. 煤炭科学技术, 2018, 46（9）: 153-157.

[88] Si J H, Cheng G Y, Zhu J F. Optimisation of multisource injection of carbon dioxide into goafs based on orthogonal test and fuzzy comprehensive theory[J]. Heliyon, 2019, 5（5）: e01607.

[89] 梁天水, 张俊格, 毛思远, 等. $NaHCO_3$ 与典型气体协同灭火效果研究[J]. 郑州大学学报（工学版）, 2022, 4（12）: 1-6.

[90] 梁天水, 刘德智, 王永锦. DMMP 对惰性气体及全氟己酮临界灭火浓度的影响[J]. 安全与环境工程, 2021, 28（1）: 44-48.

[91] 焦淑华. 注氮防灭火系统在宽沟煤矿的应用[J]. 河北煤炭, 2009, 36（5）: 20-21.

[92] 陆伟. 高倍阻化泡沫防治煤自燃[J]. 煤炭科学技术, 2008（10）: 41-44.

[93] 王德明. 矿井防灭火新技术——三相泡沫[J]. 煤矿安全, 2004（7）: 16-18.

[94] 秦波涛, 张雷林. 防治煤炭自燃的多相凝胶泡沫制备实验研究[J]. 中南大学学报（自然科学版）, 2013, 44（11）: 4652-4657.

[95] Y Y D, Li G Z, Qin P F. Seepage features of high-velocity non-darcy flow in highly productive reservoirs[J]. Journal of Natural Gas Science and Engineering, 2015, 27（63）: 121-125.

[96] Zeng Z W, Grigg R. A criterion for non-darcy flow in porous media[J]. Transport in Porous Media, 2006, 63（1）: 72-75.

[97] Saboorian-jooybari H, Pourafshary P. Significance of non-darcy flow effect in fractured tight reservoirs[J]. Journal of Natural Gas Science and Engineering, 2015, 41（24）: 20-23.

[98] 李东印, 许灿荣, 熊祖强. 采煤工作面瓦斯流动模型及 COMSOL 数值解算[J]. 煤炭学报, 2012, 37（6）: 967-971.

[99] 赵蕾. 近距离煤层上覆采空区气体分布规律数值模拟研究[D]. 湘潭: 湖南科技大学, 2018.

[100] 张长山. 近距离煤层群复合采空区煤自燃时空演化与防控技术研究[D]. 西安: 西安科技大学, 2019.

[101] 刘星魁. 沿空侧碎裂煤柱耗氧升温的特征研究及应用[D]. 北京: 中国矿业大学（北京）, 2012.

[102] 李智. 采空区抽放负压对自燃影响规律研究[D]. 唐山: 华北理工大学, 2017.